带你走进科学的世界

握手太空的航天科技

北京联合出版公司
Beijing United Publishing Co.,Ltd.

图书在版编目(CIP)数据

握手太空的航天科技／苗桂芳编著．－－北京：北京联合出版公司，2014.5（2019.3重印）

（带你走进科学的世界）

ISBN 978-7-5502-2941-9

Ⅰ．①握… Ⅱ．①苗… Ⅲ．①航天科技－青少年读物 Ⅳ．①V1-49

中国版本图书馆CIP数据核字（2014）第083915号

握手太空的航天科技

编　　著：苗桂芳
选题策划：凤苑阁文化
责任编辑：崔保华

北京联合出版公司出版
（北京市西城区德外大街83号楼9层　100088）
天津海德伟业印务有限公司印刷　新华书店经销
字数80千字　710毫米×1092毫米　1/16　10印张
2015年6月第2版　2019年3月第3次印刷
ISBN 978-7-5502-2941-9
定价:29.80元

未经许可，不得以任何方式复制或抄袭本书部分或全部内容
版权所有，侵权必究
本书若有质量问题，请与本公司图书销售中心联系调换 010-65488949。

前言

　　科学普及是一项关系国家发展和民族兴盛的基础性工作。通过科学教育、传播与普及，帮助青少年一代树立科学思想，培养科学精神，了解科技知识，掌握科学方法，提升科学素质，就能够有力地推动创新型国家的建设进程。本书紧紧围绕人们生活身边的科学，以及青少年普遍感兴趣的科学知识，涵盖了物理、化学、植物、动物、人体和生活等各个方面的知识点，使广大青少年在轻松的阅读中，增强对科学技术的兴趣和爱好，开阔眼界，启发思维，拓宽知识面，增强科学意识。

　　要想成为一个有科学头脑的现代人，就要对你在这个世界上所见到的事物都问个"为什么"，科学的发展往往就始于那么一点点小小的好奇心。本丛书带你进行一次穿越时空的旅行，通过这次旅行，你将了解这些伟大的发明、发现的诞生过程，以及在这些辉煌成果背后科学家刻苦钻研的精神。

目 录

有关轨道的基础知识 …………………………… 001
卫星的几种特殊运行轨道 ……………………… 038
卫星轨道要素的选取 …………………………… 049
轨道确定与轨道改进 …………………………… 052
轨道机动与轨道维持 …………………………… 055
航天系统工程的组成 …………………………… 062
我国航天系统工程的创建和成就 ……………… 069
航天器的分类 …………………………………… 077
卫星的结构分系统 ……………………………… 082

卫星的热控制分系统 …………………………… 088

卫星的姿态控制分系统 ………………………… 097

卫星的测控分系统 ……………………………… 105

卫星的数据管理分系统 ………………………… 110

卫星的电源分系统 ……………………………… 114

气象卫星 ………………………………………… 118

地球资源卫星 …………………………………… 131

导航卫星 ………………………………………… 142

有关轨道的基础知识

天体动力学中的二体问题

在研究航天器，包括人造地球卫星(以下简称卫星)、载人航天飞船(简称载人飞船)、空间站以及飞离地球的空间探测器等航天器的运动中，常将问题简化成两个有一定质量的质点，并忽略大气和其他干扰力对运动物体的影响，仅在万有引力(以下简称为引力)作用下，研究其运动规律。这在天体力学上称为二体问题。由于航天器的质量远比其所围绕的中心体(如地球)的质量小，故人们又将其称为限制性二体问题。在此前提下，航天器的运动可以用开普勒

定律来描述。此时，航天器的运动始终在一个平面内，称这个平面为轨道面，这个平面必通过中心体的质心；根据航天器在不同位置上速度的大小和方向不同，航天器围绕中心体的轨道可以是圆、椭圆、抛物线或双曲线，这种轨道又称为开普勒轨道；中心体的质心位于这些曲线的一个焦点上。下面所讨论的，除另有说明外，都是指限制性二体问题的运动。

常用的坐标系

要描述航天器所在位置和运动规律，建立运动方程，必须确定坐标系。在航天技术中常用的坐标系有：地心赤道坐标系、地心轨道坐标系、发射坐标系、飞行器(火箭)本体坐标系等。这些坐标系均为右旋坐标系。

1. 地心赤道坐标系

地心赤道坐标系是描述航天器轨道常用的坐标系。该坐标系是惯性坐标系，它以地心为坐标系原点，z轴指向北极，x轴指向春分点方向，y轴与x轴、z轴构成右旋坐标系。x轴和y轴组成的基面是地球赤道面。图1建立的坐标系Oxyz就是地心赤道坐标系。

地球围绕太阳在空间走过的路线称为黄道。黄道所在的平面与赤道面之间的夹角为23°27′。正因为有了这个夹角，地球上的气候才会一年有四季之分。赤道面与黄道之间有两个交点。从地球上看，人们规定太阳由南向北经过赤道面的这一点是升交点，在天文学上叫春分点。太阳经过这一点的日子一般为每年的3月21日。地心和春分点的

连线就是地心赤道坐标系的x轴。与升交点相对的那一点叫降交点，也就是天文学上的秋分点。地心赤道坐标系又简称为地心坐标系。

如图1所示，在以地心为圆心的假想天球球面上，航天器的位置在地心赤道坐标系上可以用三个量表示，一个是地心到航天器的距离(即矢径)；一个是赤经，它是从春分点所在的经圈沿赤道度量到航天器所在的经圈，向东为正，向西为负；一个是赤纬，它是矢径在赤道面上的投影与矢径的夹角，从赤道面开始度量，向北为正，向南为负。航天器的位置也可以用X、Y、Z三个直角坐标数值来表示。

2. 地心轨道坐标系

在描述航天器的轨道运动时，若采用地心轨道坐标系则比较方便，因为，航天器的轨道是在一个平面上，而且这个平面在惯性空间中是固定的。因此，可以在这个平面内建立地心轨道坐标系(图2)。坐标原点O为地心，基准平面是轨道平面。P轴的方向指向轨道近地点P′，Q轴的指向与航天器在近地点上的运动方向一致，而W轴(图中未标出)的指向应使坐标系构成右旋坐标系。

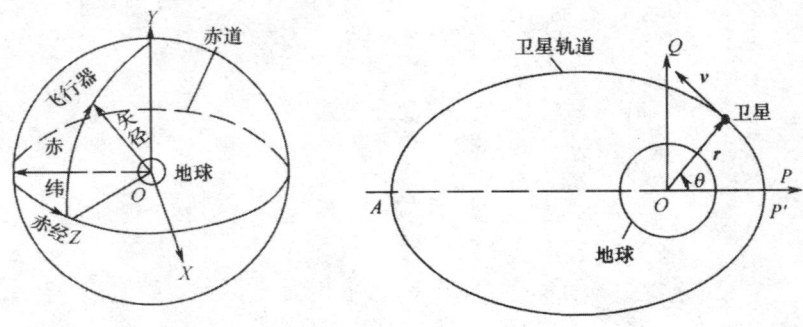

图1 地心赤道坐标系　　　　图2 地心轨道坐标系

3.发射坐标系

航天器通常是用运载火箭从地面发射，把航天器送入运行轨道，这段轨迹称为发射轨道，又称火箭的上升段、动力飞行段或主动段。由上升段进入运行轨道称为入轨，进入运行轨道时的初始位置称为入轨点，航天器入轨点的运动参数（如时刻、位置、速度）决定航天器在轨道飞行段的轨道要素。当速度矢量与位置矢量垂直时，该点就是

轨道的近地点或远地点。发射坐标系(图3),就是为描述运载火箭质心在上升段中的运动状态和建立运动方程所常用的坐标系。坐标系Oxyz的原点为发射前飞行器的质心,基面为当地水平面;x轴在水平面上指向发射方向;y轴沿铅垂线向上,x轴、y轴构成的平面,称为射面;z轴与x轴、y轴构成右旋坐标系。在基面上真北与x轴的夹角称为发射方位角(从真北顺时针方向度量)。

4. 火箭本体坐标系

在讨论上升段对火箭的控制时,常用火箭本体坐标系。该坐标系

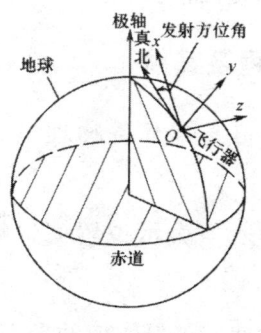

图3 发射坐标系

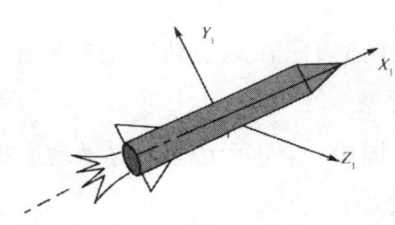

图4 火箭本体坐标系

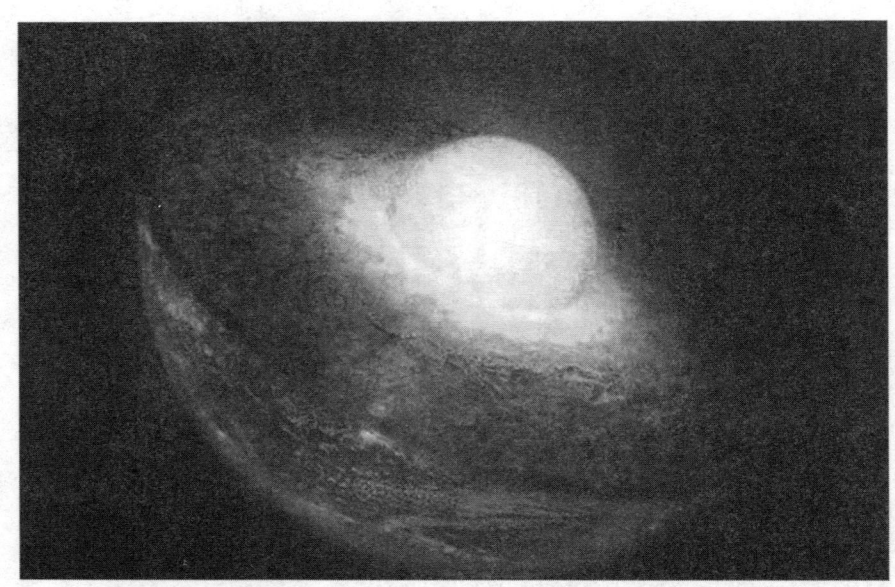

(图4) 以火箭质心O_1为原点，以火箭箭体的对称面为基面。X_1轴是沿火箭纵轴向前，Y_1轴在火箭箭体对称面内垂直X_1轴，Z_1轴与其他两轴构成右旋坐标系。坐标系$O_1X_1Y_1Z_1$与火箭箭体固连。火箭箭体绕X_1轴的转动称为滚动运动；绕Y_1轴的转动称为偏航运动；绕Z_1轴的转动称为俯仰运动。因发射前经过瞄准，故在发射起飞瞬间，基面与发射坐标系的射面重合，X_1轴与发射坐标系的y轴重合。

建立坐标系后，力、速度、加速度、位置等物理量在坐标系中都可看成是矢量，不仅具有幅值的大小，还具有方向性。

在地心轨道坐标系中的二体运动方程及其解

图5表示在地心轨道坐标系中，卫星轨道参数和各物理量之间的关系。

图中：r表示卫星相对于地心的位置矢量，r表示位置矢量幅值的大小；

v表示卫星相对于地心的速度矢量，v表示速度矢量幅值的大小；

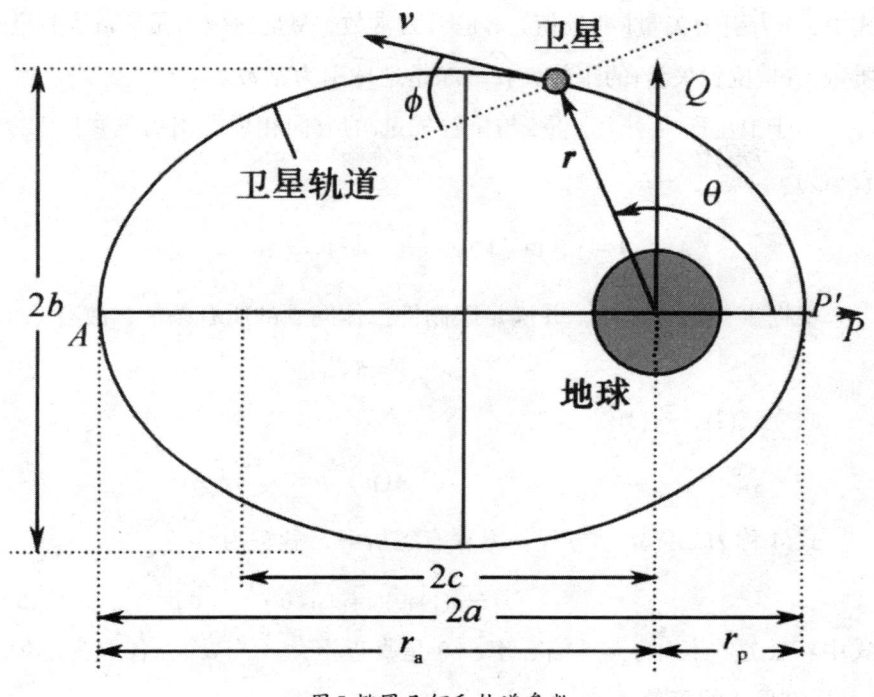

图5 椭圆几何和轨道参数

ϕ表示飞行角,又称航迹角,是速度矢量和垂直于位置矢量的直线之间的夹角;

a表示椭圆的半长轴;

b表示椭圆的半短轴;

c表示轨道中心到一个焦点的距离;

θ表示椭圆的真近点角,又称极角,即地心到近地点的矢量与卫星位置矢量之间的夹角,沿运动方向度量;

r_a表示地心到椭圆轨道上最远点A(远地点)的距离;

r_p表示地心到椭圆轨道上最近点P(近地点)的距离;

e表示椭圆偏心率,$e=c/a$。

图5中,卫星绕地球作轨道运行。卫星在位置矢量r处所受引力为

$$F=GMm/r^2=\mu m/r^2 \qquad (1)$$

式中：F为引力矢量F的幅值，G是引力常数，M是地球质量，m是卫星质量，r是位置矢量r的幅值，$\mu=GM$是地球引力常数。

由于卫星所受引力矢量F与位置矢量r的方向相反，引力矢量F可以表示为

$$F=(-\mu m/r^2)\times \frac{1}{r}r=m(-\mu r^{-3})r \qquad (2)$$

根据牛顿第二定律，并满足限制性二体问题的所有条件，故有

$$F=mr'' \qquad (3)$$

联立式(2)、式(3)得

$$r''+(\mu r^{-3})r=0 \qquad (4)$$

式(4)称为二体运动方程。方程有解析解，其解为[21]

$$r=a(1-e^2)(1+e\cos\theta)^{-1} \qquad (5)$$

式中：a是半长轴，e是偏心率，θ是真近点角。当a、e各取为定值时，r仅是θ的函数。

由解析几何学知识可知，式(5)就是圆锥截线的极方程，它给出卫星位置矢量r的幅值r随a、e、θ值的变化。

圆锥截线是一个平面截一个正圆锥面所形成的曲线。如图6所示，截平面相对圆锥的角度决定了所截得的圆锥截线是圆、椭圆、抛物线

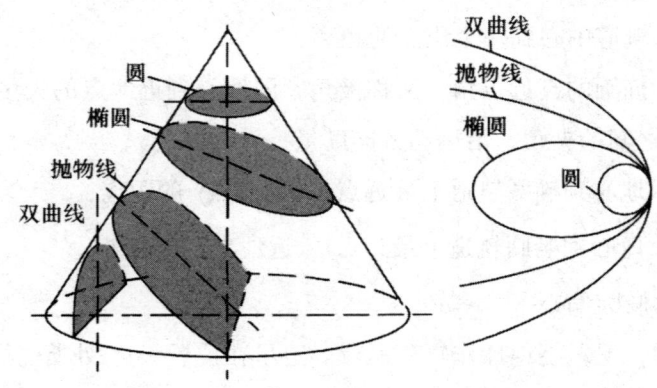

图6 卫星轨道可以是四种圆锥截线之一

或双曲线。

也可以通过式(5)中的偏心率e来定义圆锥截线(表1)。

表1 与α、e的关系

圆锥截线	半长轴α	偏心率e	圆锥截线	半长轴α	偏心率e
圆	=半径	0	抛物线	∞	1
椭圆	>0	0<e<1	双曲线	>1	<0

卫星的轨道要素

在地心赤道坐标系中，描述卫星椭圆轨道的基本常数称为轨道要素，又称为轨道根数。卫星椭圆轨道的开普勒轨道要素共有6个。它们决定轨道的大小、形状和在空间的方位，同时给出计量运动时间的起算点。一旦6个轨道要素确定了，卫星在空间的轨道就确定了。这6个要素如下：

(1)轨道半长轴α：又称长半轴，其长度是椭圆轨道长轴的1／2。

(2)轨道偏心率e：为椭圆两焦点之间的距离与长轴的比值。半长轴和偏心率决定轨道曲线所包围的面积大小、形状。

(3)轨道倾角i：是轨道平面与地球赤道平面的夹

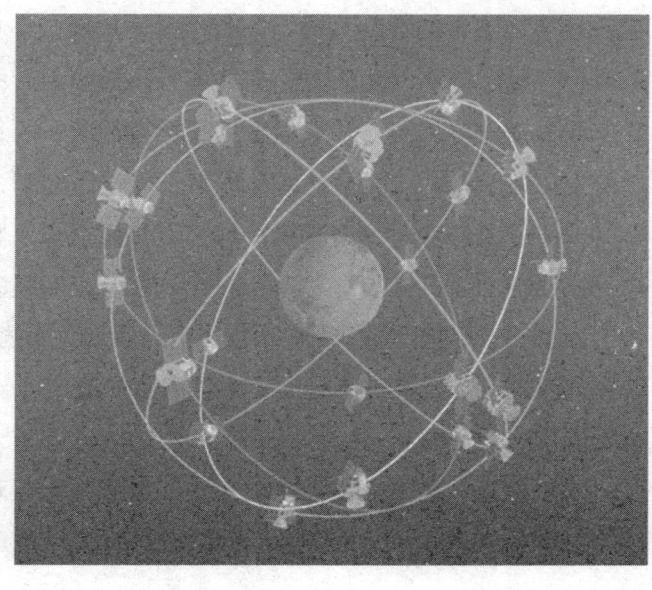

角,用地轴的北极方向与轨道平面的正法线方向之间夹角来度量。轨道倾角i的值从0°～180°。i<90°为顺行轨道,此时,卫星总是从西(西南或西北)向东(东北或东南)运行,与地球自转方向相同。i>90°为逆行轨道,卫星的运行方向与顺行轨道方向相反。i=90°为极轨道,此时,卫星经过南、北极上空,i在90°附近称为近极轨道。

(4)升交点赤经Ω:卫星轨道穿过赤道面时,与地球赤道平面有两个交点(i=0时除外),卫星从南半球穿过赤道平面到北半球的运行弧段称为升段,这时穿过赤道平面的那一点为升交点。相反,卫星从北半球到南半球的运行弧段称为降段,相应的赤道平面上的交点为降交点。春分点和升交点对地心的张角为升交点赤经,并规定从春分点逆时针(站在北极上看)量到升交点。轨道倾角和升交点赤经共同决定轨道平面在空间的方位。

(5)近地点幅角ω:在卫星轨道中,距离地心最近的点称为近地点(图5、图7中的P′点);距离地心最远的点称为远地点(图中A点)。近地点幅角是近地点与升交点对地心的张角，沿着卫星运动方向从升交点量到近地点。近地点幅角决定椭圆轨道在轨道平面内的方位。

(6) 过近地点时刻t_p：它是卫星经过近地点的时刻，以年、月、日、时、分、秒表示，是运动时间的起量点。

上述的开普勒轨道要素也适用于围绕行星运行的行星探测器的轨道要素，只需用行星的赤道代替地球赤道，用行星质心代替地心，就可类似地定出。而人造行星的轨道要素则只需用行星的黄道面代替地球的赤道面，用日心代替地心同样也可以定出其轨道要素。

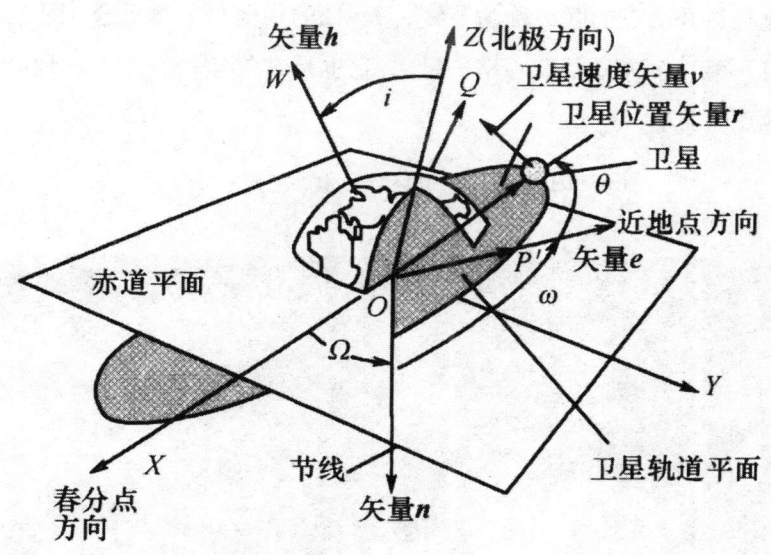

图7 轨道要素的空间关系

轨道要素与卫星位置、速度之间的关系

1.已知卫星的位置和速度求解卫星的轨道要素

在地心赤道坐标系上，如果已知某一时刻卫星的位置和速度，要求解卫星的轨道要素，需要引入三个矢量。第一个是卫星的单位质量角动量矢量h，它等于卫星全部角动量除以它的质量。用数学公式来描述，它是卫星的位置矢量r与速度矢量v的矢量积，即

$$h = r \times v \tag{6}$$

在二体问题中，卫星角动量的数值和方向都是不变的。轨道面是由矢量r和矢量v所构成，过地心作轨道面的正法线（图7中的W轴），就是矢量h的方向。矢量h与坐标系z轴的单位矢量z^0之间的夹角，就是轨道平面的轨道倾角。

引入第二个矢量是节点矢量n，它是z轴的单位矢量z^0与矢量h的矢量积。即

$$n = z^0 \times h \tag{7}$$

地心与升交点的联线称为节线，矢量n的指向与节线重合（图7）。

引入第三个矢量是偏心率矢量e，它也是常矢量，方向是从地心指向近地点。且有

$$e = (1/\mu)\ [(rv^2 - \mu)\ r^0 - v\ (r \cdot v)\ v^0] \tag{8}$$

式中 r^o、v^o 和 r、v 分别是位置矢量r、速度矢量v，的单位矢量和矢量的幅值。

给定了这些定义后，如果知道卫星在地心赤道坐标系上某一时刻的位置和速度，就可以求解椭圆开普勒轨道的轨道要素，见表2。

表2 椭圆开普勒轨道有关参数的计算公式

符号	名称	方程
a	半长轴	$a=-\mu/(2\varepsilon)=(r_a+r_p)/2$
e	偏心率	$e=|e|=1-r_p/a=r_a/a-1$
i	轨道倾角	$i=\arccos(h_z/h)$
Ω	升交点赤经	$\Omega=\arccos(n_x/n)(n_y>0)$
ω	近地点幅角	$\omega=\arccos[(n\cdot e)/(ne)]\quad(e_z>0)$
θ	真近点角	$\theta=\arccos[(e\cdot r)/(er)]\quad(r\cdot v>0)$
r_p	近地点矢径	$r_p=a(1-e)$
r_a	远地点矢径	$r_a=a(1+e)$
ω	轨道角速度	$(\mu/a^3)^{1/2}\approx 631.34816 a^{-3/2}$ rad/s，a以(km)计

注：1. ε 的定义和计算公式在后面有说明(式27)；2. 若n_y、e_z、$(r\cdot v)$三个值为负，则 Ω、ω、θ 的正确值应为360°减去按公式计算得到的值；3. 表中的n_x、n_y、h_z、e_z分别表示矢量n、h、e在地心赤道坐标系X、Y、Z轴上的投影值。

当轨道倾角为零或是圆轨道时，上述有些公式需要作一些特殊处理，这里不再赘述。

2. 已知卫星的轨道要素求解卫星在时刻t的位置和速度

要解决此问题，可分两步走。第一步在地心轨道坐标系上求出对应某一真近点角 θ（即某一特定时刻t）的矢量r和矢量v的表达式；第二步通过坐标变换，将矢量r和矢量v表达式由地心轨道坐标系，转换到地心赤道坐标系。

第一步：将图2、图5中的矢量r投影到地心轨道坐标系的P、Q轴上，得矢量r在地心轨道坐标系上的表达式为

$$r = r\cos\theta\, P^0 + r\sin\theta\, Q^0 \qquad (9)$$

式中：P^0、Q^0为地心轨道坐标系P、Q轴上的单位矢量，r、θ为矢量r的幅值和真近点角。r可由式(5)得到。r是θ的函数，也是时间t的函数。

求矢量r的随时间的变化率［即将式(9)的矢量r对t求导］，按矢量微分法则即可得到在地心轨道坐标系上矢量v的表达式

$$v = \left[\frac{\mu}{a(1-e^2)}\right]^{1/2} [-\sin\theta P^0 + (e+\cos\theta) Q^0] \qquad (10)$$

式(9)和式(10)分别给出矢量r和矢量v在地心轨道坐标系的表达式。

第二步：在图7中，P轴由地心O点指向近地点P′，Q轴在轨道面内垂直于P轴，且W轴指向轨道面的正法线方向，由过地心O点的三个互相垂直的P、Q、W轴组成的坐标系就是地心轨道坐标系OPQW。式(9)和式(10)中的单位矢量P^0、Q^0即是P、Q轴上的单位矢量。地心轨道

坐标系OPQW与地心赤道坐标系OXYZ是共原点的，且两个坐标系之间的关系由i、Ω、ω三个参数确定。故只要将式(9)和式(10)的矢量r和矢量v的表达式，由地心轨道坐标系转换到地心赤道坐标系，即可得到在地心赤道坐标系上的矢量r和矢量v的表达式。坐标系的转换可以通过三次旋转来实现，转换过程请读者自行完成。

下面直接给出坐标转换的公式：

$$\begin{bmatrix} rX \\ rY \\ rZ \end{bmatrix} = R(\omega, i, \Omega) \begin{bmatrix} rP \\ rQ \\ rW \end{bmatrix} \quad (11)$$

$$\begin{bmatrix} vX \\ vY \\ vZ \end{bmatrix} = R(\omega, i, \Omega) \begin{bmatrix} vP \\ vQ \\ vW \end{bmatrix} \quad (12)$$

$$R(\omega, i, \Omega) = \begin{bmatrix} \cos\omega\cos\Omega - \sin\omega\sin\Omega\cos i & -\sin\omega\cos\Omega - \cos\omega\sin\Omega\cos i & \sin\Omega\sin i \\ \cos\omega\cos\Omega + \sin\omega\sin\Omega\cos i & -\sin\omega\sin\Omega + \cos\omega\cos\Omega\cos i & -\cos\Omega\sin i \\ \sin\omega\sin i & \cos\omega\sin i & \cos i \end{bmatrix}$$

(13)

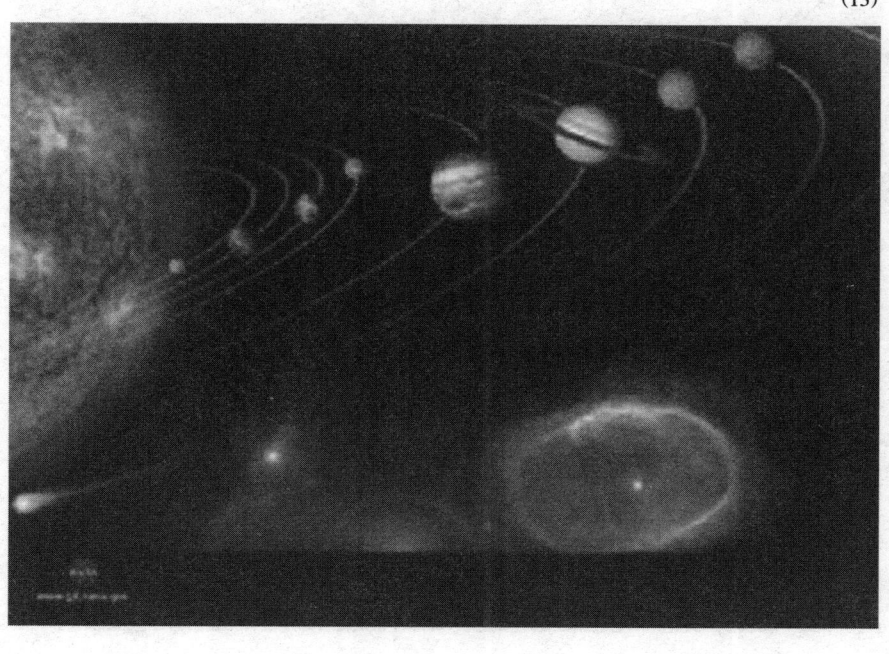

将式(9)中r_p、r_Q的值(如$r_p=r\cos\theta$等)代入式(11)，且有$r_w=0$；将式(10)中v_p、v_Q值代入式(12)，且有$v_w=0$，即可按矩阵乘法运算法则求出r、v在Oxyz坐标系中的表达式，且有

$$r(t)=\sqrt{r_p^2+r_Q^2}, v(t)=\sqrt{v_p^2+v_Q^2}$$

椭圆开普勒轨道上的飞行时间

为了解决轨道的位置和经过时间$(t-t_0)$的关系，即求解卫星从轨道上的一点到另一个点要花多少时间，需要引入称为平近点角的量M。它是过近地点后所经历的时间，用角度单位来表示。按定义有

$$M-M_0=n(t-t_0) \quad (14)$$

式中：M_0是时刻t_0时的平近点角，n称为平角速度，它由轨道的半长轴确定。有

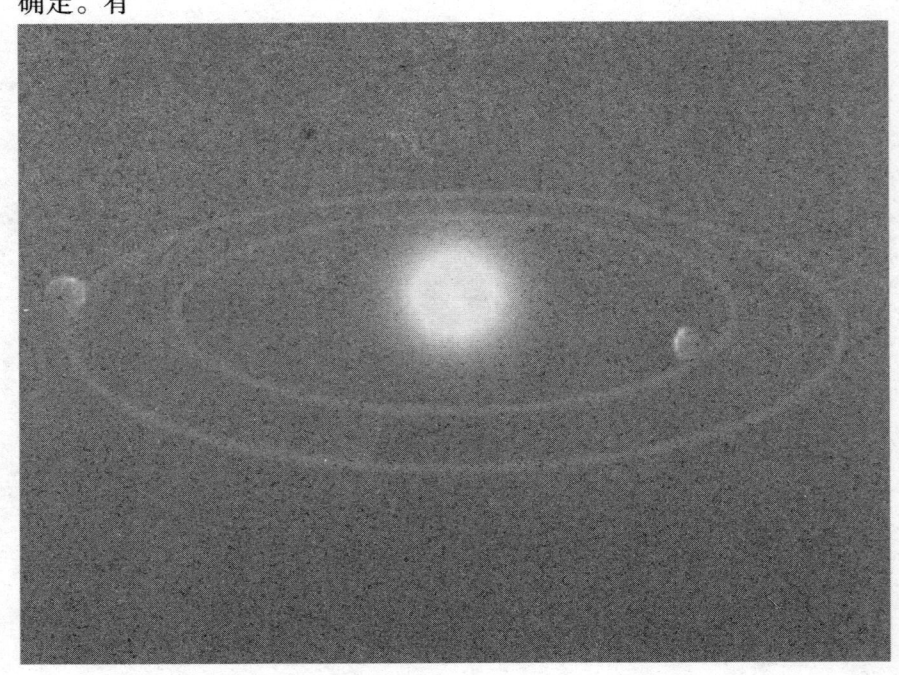

$$n=(\mu/a^3)^{1/2} \approx 36173.585a^{-3/2} \text{ (rad/s)} \quad (15)$$

式中：a 为半长轴，以km为单位。

为表达方便，定义称为偏近点角的中间变量E。表3给出了轨道的位置与飞行时间关系的方程，表3中的 a、e 同表2。

表3 轨道的位置与飞行时间关系的方程(角度均以 rad 为单位)

变量	名称	方程
n	平角速度	$n=(\mu/a^3)^{1/2} \approx 631.34816a^{-3/2}$ rad/s，a 以km计
E	偏近点角	$\cos E=(e+\cos\theta)/(1+e\cos\theta)$
M	平近点角	$M=E-e\sin E, M=M_0+n(t-t_0)$
$t-t_0$	飞行时间	$t-t_0=(M-M_0)/n$
θ	直近点角	$\theta \approx M+2e\sin M+1.25e^2\sin(2M)$

轨道的摄动

前面讲述的是二体问题中航天器的运动情况，实际上航天器在运动中并不完全是二体问题。航天器的实际运行轨道是会偏离开普勒轨道的。这种偏离是由摄动力(又称干扰力)引起的。主要的摄动力有：其他天体(如太阳、月球)的引力、中心体非球形或非均匀质量分布引起的摄动力(地球实际上是个近似椭球体)、大气阻力和太阳辐射压力等。其他摄动因素还有地球的潮汐作用、地球磁场的影响和人为的控制力等。后面这些因素对轨道的影响要小一些。

在摄动力的影响下，航天器的轨道要素不再是常量，而是随时间而改变的量。一般情况下，航天器受到的摄动力与二体问题中所受中心体的引力相比是很小的，近地卫星不超过千分之一，地球同步卫星约为百万分之五。短时期内计算可以忽略，但摄动力作用的长期累积效果不可忽略。

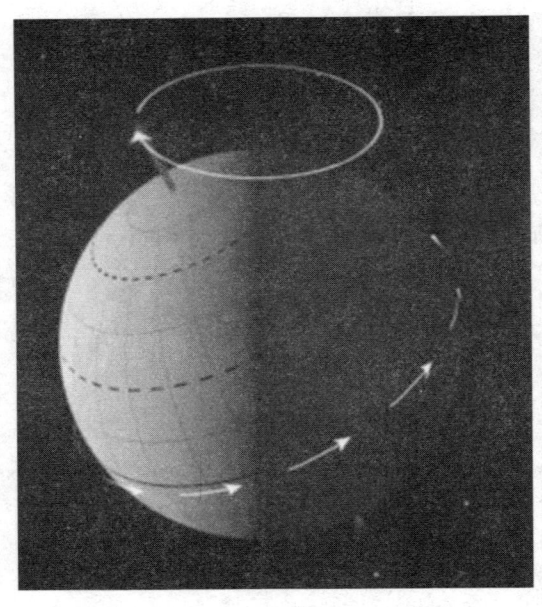

如要求解有摄动力情况下的航天器的轨道，其中可行的办法是建立包含有摄动力因素在内的运动方程，直接对方程进行数值积分，求解航天器在空间的位置、速度和轨道参数。但这样做会带来很繁杂的工作量，一般都不予采用。

另一种方法是采用摄动法。最理想的是建立可解析地求解在摄动力作用下运动参数变化的方程（称为摄动方程），类似求解二体运动方程一样，可得到解析解，这样可以直接求得轨道参数的变化量。但实际上对大多数摄动力而言，都不可能获得直接的解析解，而只能获得级数形式的解和近似解，其中省略一些次要的项和次要的因素。这种摄动法的求解结果尽管是近似的，但可以使我们能够更好地理解摄动力是如何影响轨道的，并能更快地得到所需的解。

以下是用摄动法求得的几种摄动力在每种单独作用下对主要轨道参数的影响。

1. 三体摄动

月球和太阳的引力引起所有轨道参数的周期性变化，但只有升交点赤经、近地点幅角才有积累性变化。这些长期变化对轨道有重要影响，特别是对高轨道。下面给出近圆轨道由月球和太阳引起的长期项变化率为。

升交点赤经的变化率：

$$\Omega'_m = -0.00338(\cos i)/n \qquad (16)$$

$$\Omega'_s = -0.00154(\cos i)/n \tag{17}$$

近地点幅角的变化率：

$$\omega'_m = 0.00169(4-5\sin^2 i)/n \tag{18}$$

$$\omega'_s = 0.00077(4-5\sin^2 i)/n \tag{19}$$

上面四式中：升交点赤经变化率、近地点幅角变化率的单位为(°)/d；下标m、s是指月球或太阳的引力所引起的；i是轨道倾角；n是每天运行的圈数。

2. 地球非球形摄动

事实上地球既非球形，又非质量均匀分布。它赤道部分稍突出，两极稍显扁平。这种因素产生轨道参数周期性变化。但主要的效应是升交点赤经和近地点幅角的积累性变化。

升交点赤经的变化率：

$$\Omega' \approx -2.06474 \times 10^{14} a^{-7/2}(\cos i)(1-e^2)^{-2} \tag{20}$$

近地点幅角的变化率：

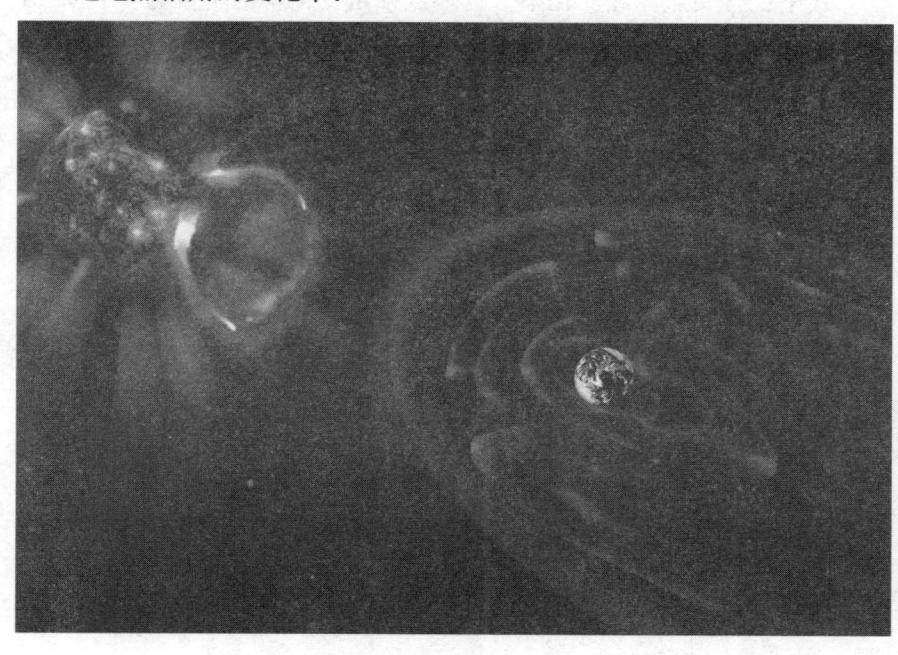

$$\omega' \approx 1.03237 \times 10^{14} a^{-7/2} (4-5\sin^2 i)(1-e^2)^{-2} \qquad (21)$$

式中：升交点赤经变化率、近地点幅角变化率的单位为 (°)/d；α 为半长轴 (km)；e 为偏心率，i 为轨道倾角。

3. 大气阻力摄动

低轨道航天器上的主要摄动力是大气阻力。阻力的作用方向与轨道速度矢量方向相反，它使轨道能量衰减，轨道缩小、下降，这又导致大气阻力进一步增加，最后轨道高度变得太低，航天器进入大气层烧毁。由阻力产生的负加速度为

$$a_D = -(1/2)\rho(C_D A/m)v^2 \qquad (22)$$

式中：ρ 是大气密度；C_D 是阻力系数，约等于2.2；A 是航天器的迎风截面积；m 是航天器质量；v 是航天器相对于大气的速度。

下面的方程可近似给出轨道半长轴的每圈变化量：

$$\Delta a \approx -2\pi(C_D A/m) a^2 \rho_p \quad (e=0) \qquad (23)$$

式中：ρ_p为近地点大气密度。

4.太阳辐射压力摄动

太阳辐射压力引起所有轨道参数的周期性变化，它对于弹道系数(m/C_DA)小的卫星影响较大，因为这种卫星质量轻而迎太阳面的截面积大。太阳辐射压力所产生的加速度为

$$a_R \approx -4.5 \times 10^{-8} A/m \tag{24}$$

式中：a_R以m/s^2为单位；A是迎太阳面的截面积(m^2)；m为质量(kg)。

对于轨道高度低于800km的卫星，大气阻力引起的加速度大于太阳辐射压力引起的加速度，对高度800km以上的卫星则相反。

惯性系与非惯性系

描述物体的运动，可以任意选择参考系。如描述一个正在加速的火车车厢里运动的物体，可以用地面作参考系，也可以用车厢作参考系。但是，确定运动和力的关系的牛顿运动定律，却不是对任何参考系都成立。对建立在地面参考系或建立在匀速直线运动的参考系上，

牛顿运动定律都是成立的,但对建立在做加速运动的车厢里的参考系上,来观察物体的运动时,牛顿运动定律就不再成立了。

例如,有一辆做匀速直线运动的车厢,在车厢里的桌面上放一个小球。此时,相对于车厢参考系来说,小球所受的合外力为零,小球保持静止不动。这符合牛顿运动定律。当车厢开始向前作加速运动时,在车厢里观察,小球将向后做加速运动,如图8所示。而小球与前面情况相比,并没有受到其他物体的作用力,即所受合外力仍为零。这说明,在相对于地面做变速运动的车厢里,牛顿运动定律不再成立。牛顿运动定律成立的参考系称为惯性参考系,简称惯性系。牛顿运动定律不成立的参考系称为非惯性系。如果引入"惯性力"的概念,在形式上即可以在非惯性系中方便地处理问题。

如图8所示,以车厢作参考系。车厢从原来的静止或匀速直线运动状态,开始以加速度a向前做加速运动。质量为m的小球会以a的加速度向车厢的后方运动(不考虑摩擦力和空气阻力)。我们可以认为小球受到一个水平向后的力F。在这个力的作用下,小球产生向后的加速度a。这个"假想的"力F,我们称之为惯性力。惯性力跟通常意义下"真实的"力不同。惯性力是形式上引入的"假想的"力。"真实的"

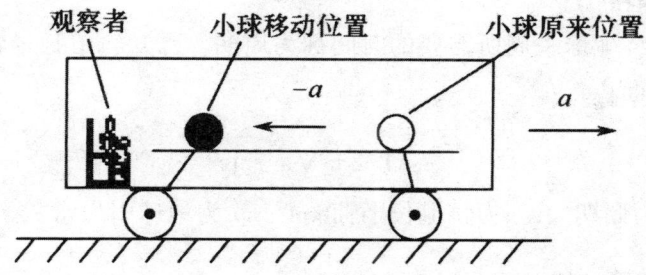

图8 在有加速度的非惯性系中车厢里小球移动情况示意图

力有施力物体,惯性力没有施力物体。惯性力F=ma,方向与非惯性系(即车厢)所具有的运动加速度的方向相反,即

$$F=-ma \tag{25}$$

式中的负号,表示惯性力F的方向与非惯性系的加速度的方向相反。这样,在加速运动的车厢内观察,物体似乎就受到一个惯性力的作用。在引入这个"假想的"惯性力之后,非惯性系统内牛顿运动定律就仍然适用,于是形式上把牛顿运动定律加以扩展,可以方便地运用到非惯性系中了。

图8中,如果要想使小球在桌面上停止移动,观察者可以伸手挡住小球。这时,手会感到受到压力,力的大小就是ma。从这个意义上讲,这个"假想的"力又是实实在在可感受到的力,是能用仪器测出来的力,只要在手的前面放个弹簧秤就可测出力的大小。

在非惯性系中引入惯性力的概念后,在惯性系中只要有合外力(如引力、发动机推力、大气阻力等)产生的加速度,在非惯性系中就一定有惯性力存在。从而可以恰当地解释航天器在运行中所出现的失重、超重和过载等物理现象,这些现象都是非惯性系中,引力与惯性力的合力对航天器中物体作用的结果。

有关航天轨道的若干名词

除已作说明的有关轨道的名词外,尚有以下名词需要说明:

1. 周期(T)

卫星绕地球一周所需要的时间称为周期。已知轨道长半轴 a，即可求得周期T

$$T=2\pi\sqrt{a^3/\mu} \qquad (26)$$

式中：T为周期(s)；a为轨道长半轴(km)；μ 为地球引力常数，μ=GM，e=3.986032×$10^5 km^3/s^2$。

2. 轨道能量(ε)

卫星系统单位质量的总机械能称为轨道能量，它是单位质量的动能和势能之和。对一定半长轴的卫星，其轨道能量是个常数，即

$$\varepsilon = v^2/2 - \mu/r = -\mu/(2a) \qquad (27)$$

式中v为卫星在位置矢量r处的速度值。

式(27)称为卫星的能量方程。因定义无穷远处的势能为零，故椭圆轨道单位质量的总机械能永远为负值。引入轨道能量这一概念，有助于理解卫星在轨道运行中速度和位置的相互关系。

在近地点时卫星的速度值最大，高度最低(即动能最大，势能最小)；在远地点时则相反，速度值最小，而高度最高(动能最小，势能

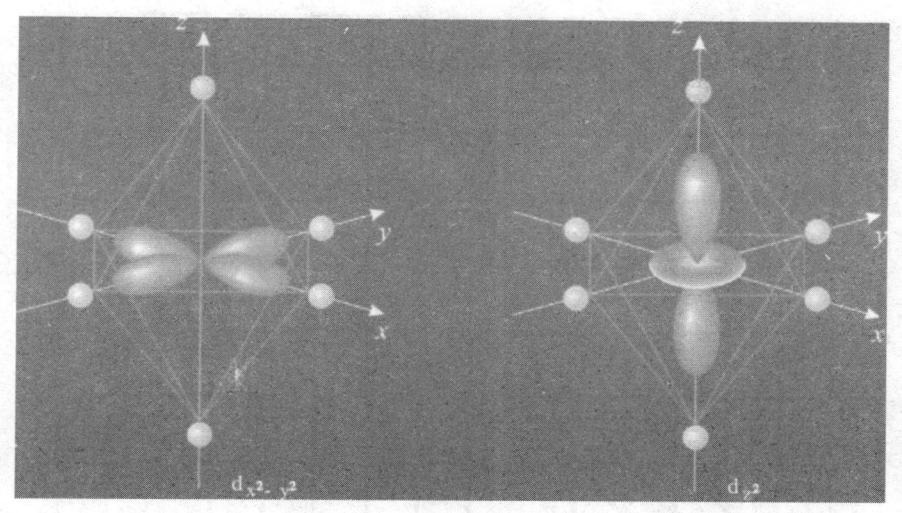

最大)。卫星在轨道运行过程中,动能与势能不断地相互转换,从而实现卫星的无动力轨道飞行。

3.近地点高度、远地点高度

对椭圆轨道而言,近(远)地点距离地球表面的高度称为近(远)地点高度。

4.星下点

卫星和地心之间的连线与地面的交点。

5.星下点轨迹

是卫星沿轨道运行时所有星下点所连成的曲线。图9表示在地球表面展开图上的低圆轨道卫星的星下点轨迹。两圈轨迹间的距离视卫星轨道周期而定,因地球每小时要向东转约15°,而卫星运行的轨道面相对于惯性空间是固定的,它不随地球自转而转动,故两圈之间的星下点轨迹有一定的距离。

6.轨道寿命

卫星从进入轨道到陨落的时间间隔称卫星的轨道寿命。对低轨道卫星,大气阻力是影响卫星寿命的主要因素。当卫星没有轨道维持能力时,在大气阻力作用下,卫星的实际轨道是不断下降的螺旋

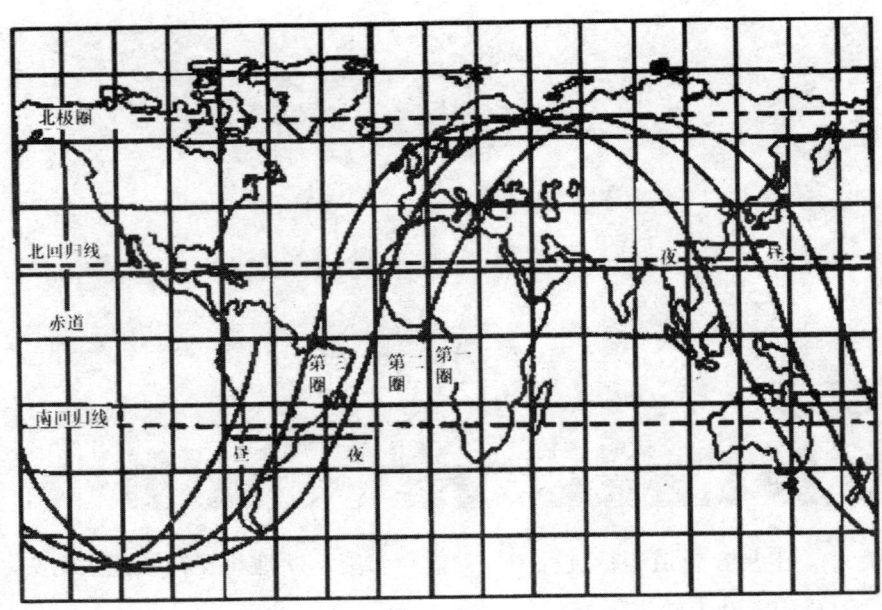

图9 低圆轨道卫星的星下点轨迹

线（图10）。当下降到110km～120km高度的近圆形轨道时，大气阻力使卫星迅速进入稠密大气层而烧毁。一般地说，面积质量比大的卫星受到的阻力大，轨道寿命也短。轨道高度越高，寿命也越长。高度在160km的卫星，轨道寿命只有几天甚至几圈。

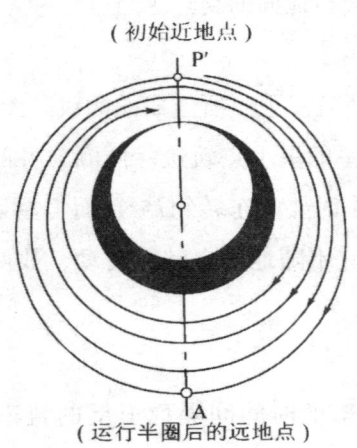

图10 低轨道卫星的轨道变化

7. 程序角与程序转弯

火箭通常是垂直向上发射的。从起飞后的 $8s\sim12s$ 开始，火箭箭体会绕着火箭本体坐标系的 z_1 轴，逐渐地、火箭头部转向下的转动（又称火箭作俯仰运动），一直持续到最后一级火箭关机，转动才结束。这种转动是火箭控制系统设计时安排好的，所转角度称为箭体俯仰方向的程序角。由火箭的姿态控制系统，在火箭上升段按设计的程序角，实现这种转动。由于发动机是固定在箭体上的，箭体转动，带来推力方向的改变，随之是火箭质心的加速度、速度方向的改变，最后反映到火箭质心飞行轨迹（投影到射面上）的改变。火箭从开始垂直起飞，经过如此转弯，逐渐变为入轨前沿接近于平行地面（是入轨时的地面，而非发射时的地面）的方向飞行，这一过程称为程序转弯。有些运载火箭（如"长征"3号A、B、C型火箭）不仅有俯仰方向的程序角，还有绕火箭本体坐标系Y轴的偏航方向（又称横向）的程序角，以控制航天器入轨时轨道面的轨道倾角。

8. 变轨

航天器在火箭发动机的推力作用下，从一种轨道变换到另一种轨道称为变轨。变轨又分同轨道平面内的轨道变换和轨道倾角改变两种情况的变轨，亦有这两种情况都存在的变轨。

9.停泊轨道

航天器为了转移到另一条轨道而暂时停留的椭圆(或圆)轨道称为停泊轨道,又称驻留轨道。停泊轨道按中心体不同又分为地球停泊轨道、月球停泊轨道和行星停泊轨道。

10.转移轨道

航天器从停泊轨道转移到预定的目标轨道的中间轨道称为转移轨道,又称过渡轨道。发射地球同步卫星等高轨道卫星、月球探测器、行星探测器都要经过转移轨道才能到达预定的目标轨道。与两个同平面的圆轨道相切的椭圆转移轨道是著名的霍曼轨道(图11),这是最节省能量的一种轨道转移。霍曼轨道被广泛应用于航天器的轨道转移,称为霍曼转移。

11.失重

物体在引力场中自由运动时有质量而不表现重力的一种状态称为完全失重状态,常简称为失重或零重力。其产生机理是:物体在中心体引力的作用下,产生引力加速度,并作自由落体运动或沿着开普勒轨道运动。此时,中心体对物体的引力恰与因引力加速度而产生的惯性力的大小相等,方向相反,二者合力为零,物体呈零

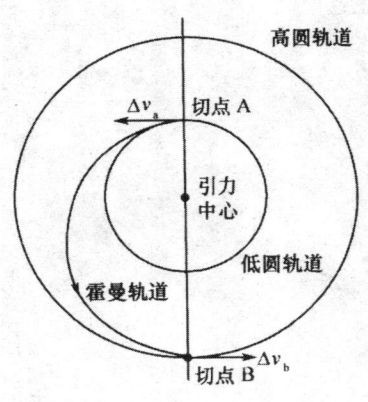

图11 霍曼轨道示意图

重力状态。因此,航天器舱内会出现物体飘浮,气体、液体对流消失等现象。对在轨道上运行的航天器而言,只有质心处于零重力,其他部位由于受力的微小差别,获得相对于质心的微加速度,称为微重力状态。航天器上的轨道控制力、航天员的动作、电机的转动和微小的气动阻力等摄动力都会使航天器产生微加速度。因此,航天器所处的失重状态严格说是微重力状态。

12. 超重与过载

航天器受到地球引力及其他外力（如发动机推力、空气动力等）的合力作用下,会产生加速度a。此时,航天器中质量为m的人,除感受到地球引力外,还感受到加速度a带来的惯性力。惯性力的大小与ma相等,方向与加速度a相反。当地球引力与惯性力（即–ma）的合力大于人在地面的标准重力时,人会感到变"重"了,就像人在电梯中以一定加速度上升时所感到的情况一样,这种现象称为超重。此时,人承受的载荷及座舱给人的支承力也比在地面静止时大。因此,当航天

器处于超重状态时，物体单位质量所承受的地球引力与惯性力的合力就称为过载。过载数值的大小常用相当于地面标准重力速度的倍数来衡量，即

$$G=\frac{F_h}{m}=ng_0 \tag{28}$$

式中：G表示过载值；F_h表示物体所承受的地球引力与惯性力的合力绝对值；g_0表示地面标准重力加速度值；n称为过载系数，是无因次量。

n可从下式求得

$$n=\frac{|mg+(-ma)|}{mg_0}=\frac{|g+(-a)|}{g_0} \tag{29}$$

式中的g、a均为矢量，g与(-a)之和应符合矢量的合成法则。g为物体m在当地的引力加速度，a为合外力作用下航天器产生的加速度，|mg+(-ma)|表示地球引力与惯性力的合力的绝对值（即Fh值）。

显然，当n=0时，物体处于完全失重状态；0<n<1时，物体是部分

失重状态；$n=1$时是相当于地面静止时状态；$n>1$时是超重状态。航天器上升段的最大过载可达到$6g_0$~$8g_0$；返回段最大过载可达到$10g_0$。过载太大会使航天器中的航天员被巨大的力紧紧地压在舱内的支承物（座椅）上，甚至会危及航天员的生命安全。目前，载人航天飞船经过技术改进，可使上升段和返回段的最大过载控制在$5g_0$以内。

过载也可以看成是矢量，其方向与g、（-a）二矢量合成的矢量方向相同。它投影到飞行器本体坐标系的x_1轴（即飞行器纵轴）上，称为轴向过载；投影到y_1轴上，称为横向过载；投影到z_1轴上，称为侧向过载。

13.黑障区

再入体以超高速进入大气层时，表面与周围气体呈黏滞状态，表

面热量散发速度降低,使再入体周围形成一个温度达几千摄氏度的高温区。高温气体和再入体表面材料的分子分解、电离和重新复合,形成一个等离子区。等离子区能吸收和反射电波,使电波传播衰减。当衰减超过一定限度时,再入体与外界通信中断,雷达会收不到目标信号,这种现象称为黑障。在再入体受空气阻力的影响而速度降低到一定程度时,黑障现象即消失。由黑障出现到消失的范围称为黑障区。

航天器的发射轨道

航天器通常是在选定的发射场用运载火箭将航天器发射入轨的。在运载火箭从地面起飞,到有效载荷(航天器)入轨这一动力飞行段中,火箭在动力装置和控制系统作用下,按预先设计好的飞行程序飞行。当火箭获得预定的运动状态时,发动机关机,航天器与运载火箭分离后便进入预定轨道。本节主要是介绍对这段发射轨道的要求和航天器进入运行轨道的方式。

对发射轨道的要求

发射轨道的基本任务是用运载火箭将航天器从地面静止状态发射到预定轨道。为了完成这个任务，在选择发射轨道时应当考虑以下要求：

(1) 能量的要求 以最小的能量消耗，将给定的有效载荷（航天器）送入预定轨道。实践证明，火箭飞行程序选择从发射台垂直起飞后 $8s$ ~ $12s$，开始缓慢地作俯仰方向的程序转弯，直至入轨时航天器的飞行角为零度，并达到预定的入轨速度，关闭发动机。这样既可以尽快地冲出稠密大气层，又可减少控制消耗，节省能量。如果入轨之后还要转移轨道的话，选用霍曼轨道是最省能量的一种轨道转移。

(2) 地面测控网站布局的要求 由于地面测控站布置限制，要求地面测控网站能对上升段进行跟踪观测的覆盖率达到100%，并根据观测情况对飞行进行控制，特别是要求能对入轨点、变轨点实施测控。

(3) 运载火箭各子级落区和返回舱着陆场的要求 运载火箭在发射过程中抛落的各子级火箭，应落在本国领土或领海的安全区内。对有回收任务的航天器要考虑回收、着陆场区的要求。

(4) 发动机启动次数的要求 为提高可靠性，应尽量减少发动机启动次数。

(5) 过载的要求 包括横向过载与轴向过载要求。由于过载太大可能导致结构破坏或控制系统执行机构不能提供所需的控制力，故要求飞行中过载不能太大。对载人航天器来说，太大过载会有损航天员的健康，一般要求过载不应大于$5g_0$。

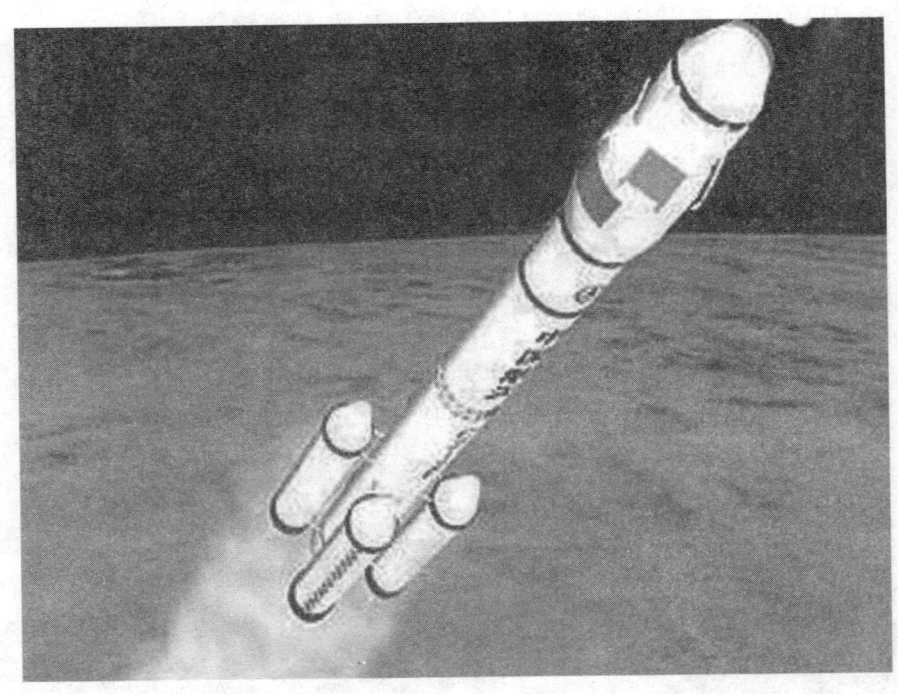

除以上要求以外，可能根据具体情况还有一些特殊的要求。

以上要求可能是互相矛盾的，因此必须分清主次或相互协调，求得妥善解决。一般情况下，能量要求是主要的，然后再按其他要求进行适当修改，以求互相兼顾。

航天器发射轨道的入轨方式

由于航天器的使命各有不同,其目标轨道也不相同,尤其是轨道的高度不相同,且差别很大。因此,发射轨道采取的入轨方式也不相同。大致有以下四种形式:

(1) 直接入轨 其特点是多级火箭连续工作,各级之间没有滑行段。到达入轨点时速度方向应与当地水平面平行(即飞行角为零),速度值应等于或大于该高度对应的环绕速度。这种入轨方式只适用于发射150km~300km高度的航天器。

(2) 滑行入轨 这种形式的发射轨道一般由三段组成,即动力飞行段、自由滑行段和加速入轨段。这种入轨方式多用于发射轨道高度为2000km以下的航天器。这种方式的

运载火箭最后一子级发动机需要有二次启动功能。

(3) 转移轨道入轨 这种发射轨道也是由三段组成：动力飞行段、自由飞行段和加速段。其中动力飞行段的末尾，航天器的飞行角为零，且速度已经大于环绕速度，航天器进入了椭圆转移轨道。经过半圈自由飞行后，在远地点处再次启动发动机，使航天器加速到按预定轨道飞行所要求的速度。这种入轨方式可用于发射轨道高度在2000km以上的空间飞行器。

(4) 驻留轨道入轨 这种形式的发射轨道由三个动力飞行段，二个自由飞行段，共五段组成 (图12)。在第一个动力飞行段，把航天器送入一条200km~400km的圆或椭圆驻留轨道，航天器在驻留轨道上自由飞行。选择适当时间和位置启动发动机，使航天器加速，进入另一条转移轨道上自由飞行。当飞行至转移轨道的远地点时第三次使航天器加速进入目标轨道。采用驻留轨道的优点在于可以较充分地对驻留轨道进行观测，并且可以任意选择转移轨道的起点，有利于对入轨点的测控。这种入轨方式，多用于发射高轨道航天器，如地球同步卫星。这种方式虽然多了一个加速段，但也增大了入轨点选择的灵活性。

当然，根据任务的需要还可以有更多的入轨方式，例如多个转移轨道的入轨方式。

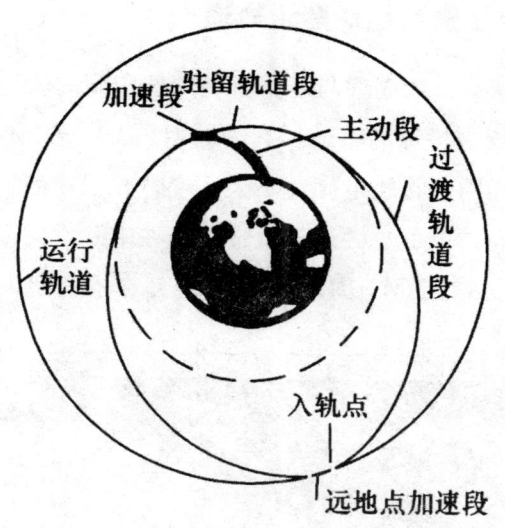

图12 驻留轨道入轨示意图

卫星的几种特殊运行轨道

地球同步轨道和地球静止轨道

卫星绕地球运行的周期与地球自转周期相同的轨道称为地球同步轨道。是一种较为特殊的轨道。它的周期是23h56min4s，与地球自转一周所需时间相同。在轨道倾角不为零度时，卫星的轨道周期虽与地球自转周期相同，但卫星的运行轨道将会在南北方向上偏离赤道，其星下点轨迹呈"8"字形 (图13)。轨道离开赤道面最大地心张角等于

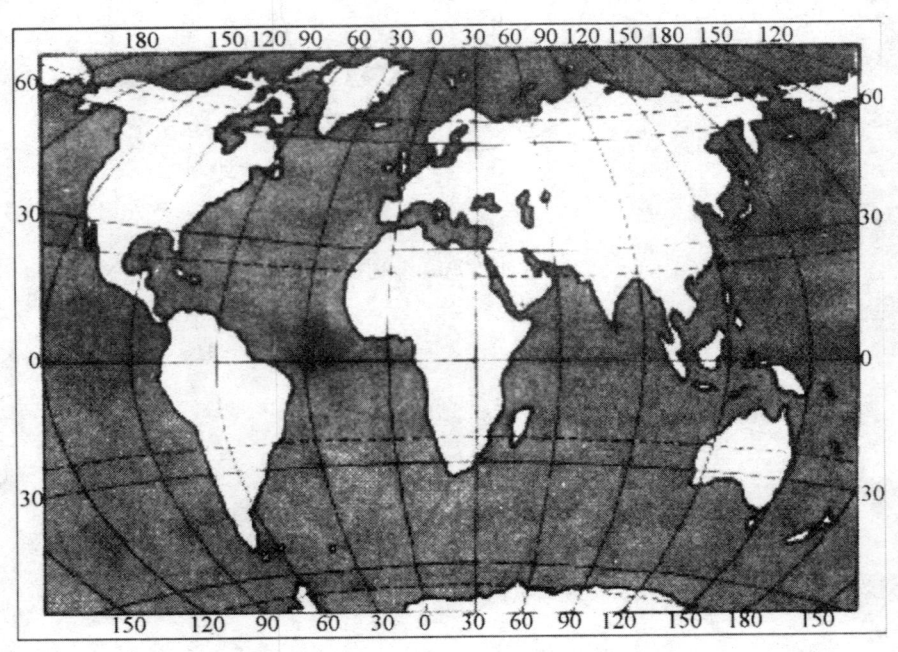

图13 地球同步轨道的"8"字形星下点轨迹

轨道倾角。如果地球同步轨道再满足偏心率$e=0$和轨道倾角$i=0°$两个条件，则该轨道称为地球静止轨道，简称静止轨道。

1.地球静止轨道的特点

地球静止轨道有以下特点：

(1) 轨道倾角$i=0°$，即轨道面与地球赤道面重合；

(2) 轨道周期与地球自转一周所需的时间相同，且卫星运转方向与地球自转方向相同。对地球上观察者而言，卫星像是固定不动，故称之为静止卫星，其星下点轨迹是赤道上的一个点；

(3) 卫星轨道为圆轨道，即轨道偏心率$e=0$；

(4) 卫星距离地球赤道海平面高度为$35786km$；

(5) 卫星轨道速度$v=3.07km/s$。

正因为静止卫星有上述特点，故它只存在于地球赤道上空唯一的一个圆周上。对此唯一的空间资源，国际上由"联合国经济和社会理事会"的下属专业机构——国际电信联盟（ITU）——专门负责管理。

各国需要向该组织提出申请，由该机构负责协调，分配卫星的定点位置和使用的无线电频段，得到该机构批准后才能发射。

2.地球静止轨道卫星的发射过程

静止轨道属于高轨道，一般需用三级火箭把卫星送入地球同步轨道。其进入静止轨道的方法和发射过程不是唯一的。现以我国"长征"3号A型火箭发射静止卫星为例加以说明，发射过程可分为三个阶段。

第一阶段：火箭的一二子级将第三级发射到一条高度为200km~400km的停泊轨道。在停泊轨道上飞经赤道上空时再点燃第三级火箭，将火箭加速到椭圆转移轨道，轨道平面应接近赤道平面。进入转移轨道后星箭分离。该转移轨道的远地点高度约为35800km，而且位于赤道上空。当卫星沿着转移轨道飞行时，一般靠自旋以保持一定的姿态。此时，航天测控站向卫星发送遥控指令，将卫星的姿态调整到远地点发动机点火所要求的姿态并确定远地点发动机点火时刻。

第二阶段：如图14所示，处在有一定轨道倾角的转移轨道上的卫

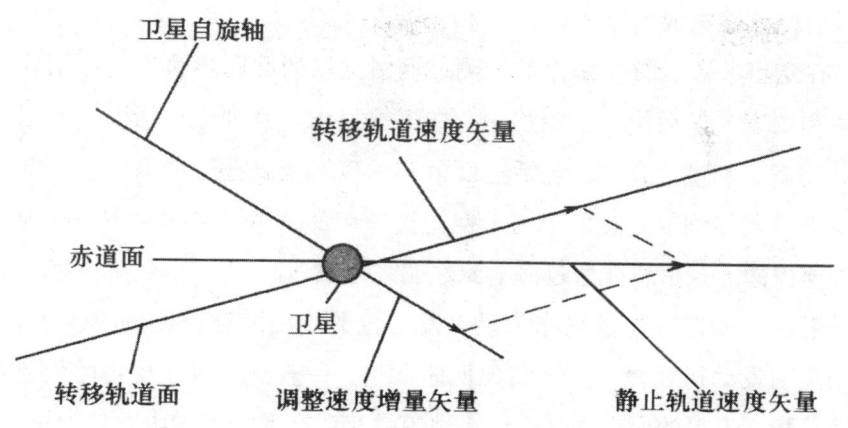

图14 卫星进入静止轨道示意图

星,具有需要的点火姿态后,启动远地点发动机,使卫星在转移轨道上的速度矢量与远地点发动机给出的速度增量矢量所合成的矢量,恰好等于赤道上静止卫星所要求的速度矢量,使卫星运行的轨道平面转到赤道平面内,使合成速度接近静止轨道速度(3.07km/s),且是圆轨道。从而初步满足地球同步轨道的条件,最后关闭发动机,卫星进入准同步轨道。此时,第二阶段结束,进入下一个轨道调整阶段。

第三阶段:在第二阶段末尾,卫星虽已进入准同步轨道,但一般来说其轨道不是很精确的静止轨道,卫星仍会在赤道上空南北两侧或向东、向西飘移。同时卫星的入轨点不一定是预定的定点,需要有一个精确调整轨道参数的过程,并从入轨点调整到定点位置。这就是为什么发射地球同步卫星往往需要长达十几天甚至

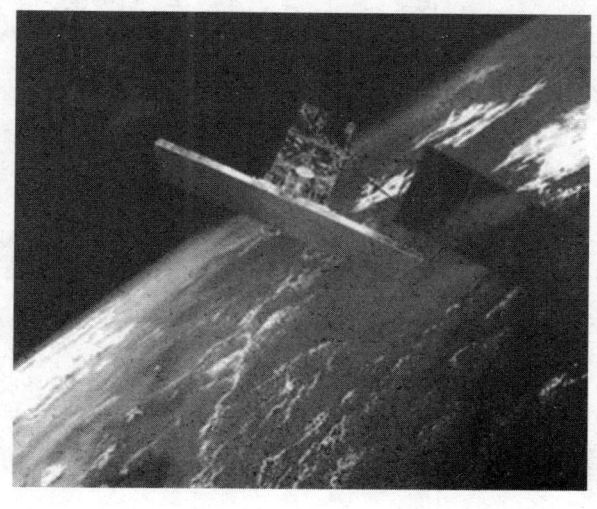

更长时间才能完成的原因。

在定点阶段，首先是由航天测控网对卫星的准同步轨道进行精确测轨和测姿，然后由卫星测控中心向卫星发出一系列遥控指令，对卫星的姿态、高度、速度（包括速度值和速度方向）进行精确调整，并将定点位置移到规定点的赤道上空。这一切都是由卫星测控中心在地面以遥控的方式进行或通过海上测量船来完成。

卫星上贮存有推进剂作为星上发动机的工质。在地面的操纵下，启动星上发动机取得动力，实现上述调整，一直到卫星在规定的位置上满足静止卫星的所有条件，停止轨道飘移或在允许范围内飘移为止。此时发射静止卫星才算完成，经在轨测试合格后才交付用户使用。图15是静止卫星发射和控制过程示意图。

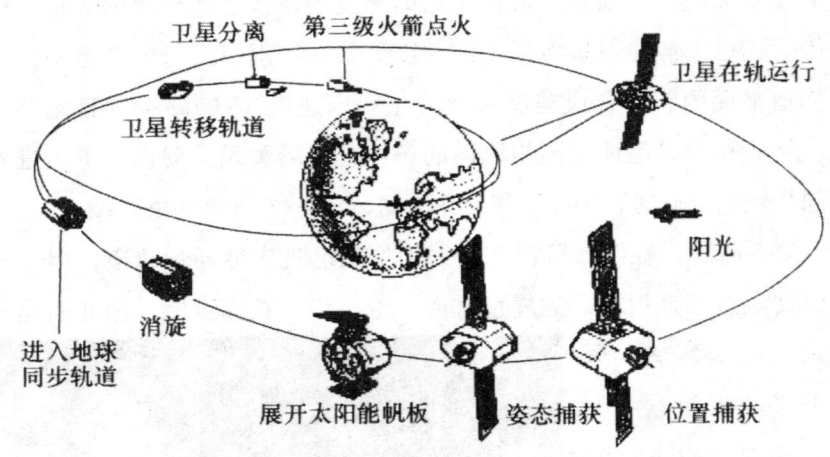

图15 静止卫星发射和控制过程示意图

3.静止轨道卫星的运行和管理

任何一颗静止轨道卫星都有特定使命。它要在太空中长期运行，完成所有任务。发射、调整阶段的工作虽然完成了，但轨道参数的细微偏差、地球重力异常、太空中太阳、月球的引力和高能粒子辐射等诸多摄动因素，都会对卫星运行有影响。日积月累会使卫星轨道产生飘移。当飘移量超过一定限量时就要把它"拉"回来。

因此，在卫星的运行过程中，要不断地对卫星进行跟踪、测轨、测姿、调整和解决出现的问题。为克服轨道误差和抵消摄动力引起的飘移，卫星必须具有轨道维持的能力，一直到卫星寿命终结，完成使命为止。上述工作都是由地面卫星测控中心或专门机构负责管理和完成。

4.地球静止轨道的应用

一颗静止轨道的国际通信卫星可以覆盖地球表面大约40%的面积。卫星相对于地面不动，便于观察，地球站容易跟踪。故地球静止轨道被广泛应用于通信广播、数据中继、气象观测、环境监测、导航定位、军事侦察等领域。

极轨道与太阳同步轨道

1.极轨道

轨道倾角为90°的卫星轨道称为极轨道。在极轨道上运行的卫星，每圈都要经过地球两极上空。常把倾角稍微偏离90°，但仍能覆盖全球的轨道也称为极轨道。

2.太阳同步轨道

太阳同步轨道是指卫星的轨道平面绕地球自转轴的旋转方向、角速度与地球绕太阳公转的方向和角速度相同的一种轨道。它主要用于气象观测和对地球表面的观察。

前面已介绍过采

用静止卫星来观测气象和大陆、海洋环境，有其优越之处，但静止轨道也有其局限性。首先，一颗静止卫星只能观测地球的局部区域，无法获得全球的气象资料；其次，卫星在赤道上30000km以上的高空，观测亦受一定限制，对高纬度地区观测就不如对低纬度地区观测精确，对地面目标的分辨力也相对较低。如果采用轨道倾角约为90°的中、低轨道，即卫星绕着南北极运行，那么卫星每绕地球一圈，地球全纬度都能观测到。加上地球有自转，只要轨道选择得好，一天可多圈扫描全球许多地区。

那又为什么叫"太阳同步"呢？因为地球除了绕自转轴旋转外，还绕太阳公转。地球每天沿黄道转过$\Omega=360/365.25=0.9856\approx1°$。这样，极地卫星的轨道面由于地球公转的原因，它相对于太阳而言，

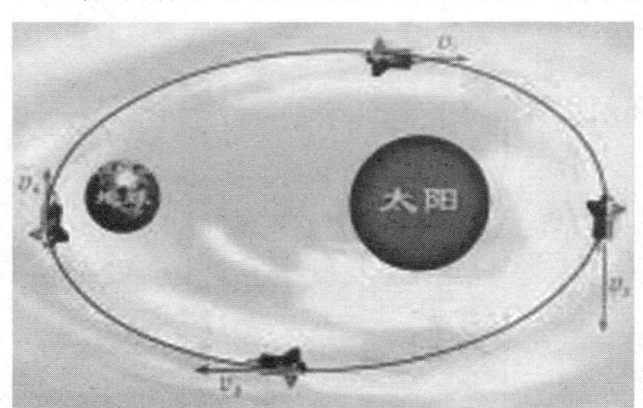

相当于每天要绕地球自转轴按顺时针方向（从北极向南看，下同）偏转近1°。太阳同步卫星轨道面的变化如图16所示。

卫星轨道面与黄道面的交线称为交点线。为了保持交点线相对于太阳的方向不变，也就是说保持与太阳同步（注意：交点线与太阳、地球之间连线的夹角δ可以为零，也可以不为零，只要求夹角δ保持不变)，可以选择一种轨道，使其轨道面能产生绕地轴逆时针方向每天近1°的进动，与因地球绕太阳公转产生的轨道面相对于太阳的顺时针偏转抵消。换句话说，卫星的轨道平面绕地球自转轴的旋转方向、角速度与地球绕太阳公转的方向和角速度相同，不管地球沿黄道走到哪里，卫星的交点线与太阳、地球之间连线的夹角δ始终保持不变，这样就可

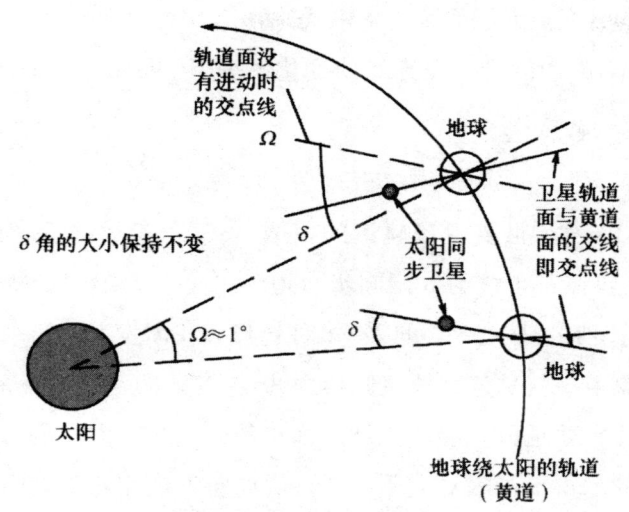

图16 太阳同步卫星轨道面变化示意图

实现与太阳同步。

在前面讨论轨道摄动时曾介绍过，地球的非球形摄动力会对卫星的轨道产生影响。其中地球赤道的隆起（即地球的扁率）对卫星的轨道有显著影响。其特征是使卫星的轨道面产生绕地球自转轴进动。当轨道倾角 $0° \leqslant i < 90°$ 时，轨道面向顺时针方向进动，$i=0°$ 时进动角速度最大；$i=90°$ 时不进动；轨道倾角 $90° < i \leqslant 180°$ 时，轨道面会向逆时针方向进动。

卫星轨道面绕地球自转轴的进动角速度，可以用轨道要素中升交点赤经（Ω）的变化率来描述（这里忽略了赤道面与黄道面之间的微小差别）。由于地球非球形摄动，引起

卫星轨道的升交点赤经的变化率由式 (20) 给出。

令式 (20) 中的升交点赤经的变化率等于0.9856 (°) /d，经整理可得

$$\cos i = -4.7736 \times 10^{-15} (1-e^2)^2 a^{7/2} \quad (30)$$

式 (30) 表示只要卫星轨道的i、α、e三个参数的组合能满足式 (30)，这些轨道都可称为太阳同步轨道。可见，太阳同步轨道的轨道倾角i、半长轴α、偏心率e可以有多种选择。我国发射的第一颗太阳同步轨道气象卫星就是选择轨道倾角为99°左右，高度为900km左右的圆轨道。这样，轨道面就能产生绕地球自转轴逆时针方向的每天近 *1°* 的进动，从而取得抵消因对太阳公转造成的轨道面相对于太阳偏转的效果。

从式 (30) 可得知，太阳同步轨道的轨道倾角i必大于90° (因式中等号右端为负值)。在这种轨道运行的卫星有一个特点，卫星每天以相同的地方时经过同一地点。比如说，每天上午8时30分(北京时间)经过北京上空，天天如此，像是与太阳保持相同的步伐。这样，一

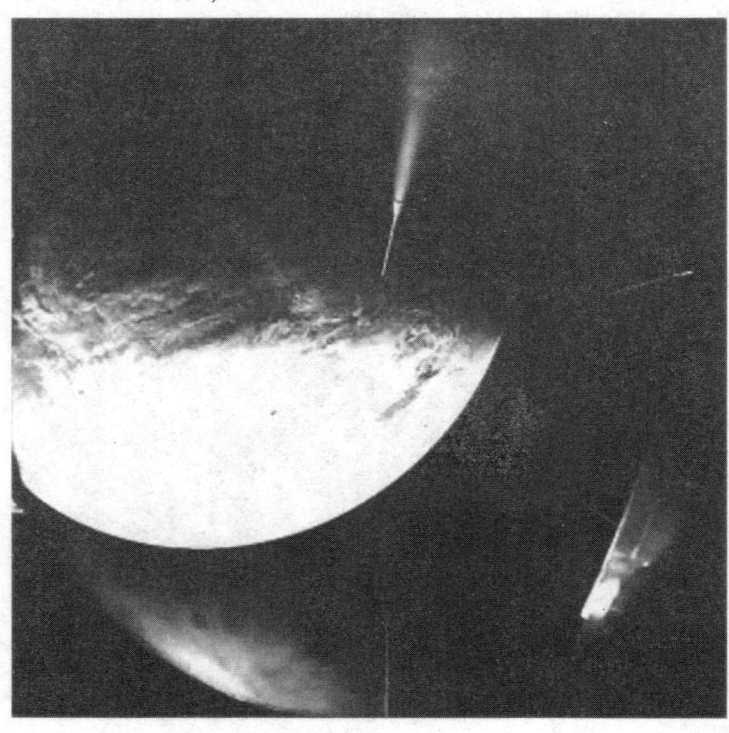

旦选定了轨道，对某些特定的地区，就可以获得最好的光照条件，对资料的获取、接收、轨道计算等都十分方便。当卫星经过我国以外地区时，可以将资料存储起来，待卫星飞临我国上空时把资料发送下来。如此，经过若干圈飞行后，将会得到全球的气象资料。

太阳同步轨道对轨道精度要求较高，为了使卫星在较长时间范围内都能与太阳"同步"，卫星需要设有轨道控制系统，用于修正轨道偏差和克服摄动力的影响，实现轨道维持。

3.太阳同步轨道的应用

地球资源卫星、气象卫星、侦察卫星等常采用太阳同步轨道，以便俯瞰包括两极在内的整个地球表面。在一天24h中，选择适当的发射时间（不同的入轨时间对应有不同的δ值），可以使卫星经过某些特定地区时，始终具有比较好的光照观察条件，宜于用可见光观测设备获得较好的观测结果。

回归轨道

星下点轨迹周期性地重复出现在同一地点的卫星轨道称为回归轨道。重复周期称为回归周期。回归周期的大小根据卫星的使命确定。

同一个回归周期对应有很多条轨道。例如回归周期为24h，其运行轨道的轨道周期可近似为24h、12h、8h等。从中可以选出合适运行周期的轨道以满足卫星使命的要求。在回归轨道上运行的卫星，每经过一个回归周期，卫星重新依次经过各地上空。这样可以对卫星覆盖的区域进行动态监视，借以发现这一段时间内目标的变化。在轨道设计中，可设计出太阳同步回归轨道。这样的轨道兼有太阳同步轨道和回归轨道的特性。回归轨道要求轨道周期在较长时间内保持不变，即必须具备轨道修正能力。

回归轨道的应用与太阳同步轨道基本相同，主要是为地球资源卫星、气象卫星、军事侦察卫星等所采用。

卫星轨道要素的选取

天上正在运行的卫星不计其数，它们都有各自的轨道。除上述的地球同步轨道、静止轨道、太阳同步轨道、极轨道和回归轨道这几种特殊轨道外，其轨道要素都各不相同。轨道倾角i在大于0°，小于90°之间的卫星统称为倾斜轨道卫星。卫星轨道有椭圆轨道，亦有圆轨道或近圆轨道。不同的轨道倾角、半长轴和偏心率对应不同的轨道特性。轨道要素的选取主要取决于卫星所担负的使命和用途，因为不同的使命和用途，对轨道要素有不同的要求。

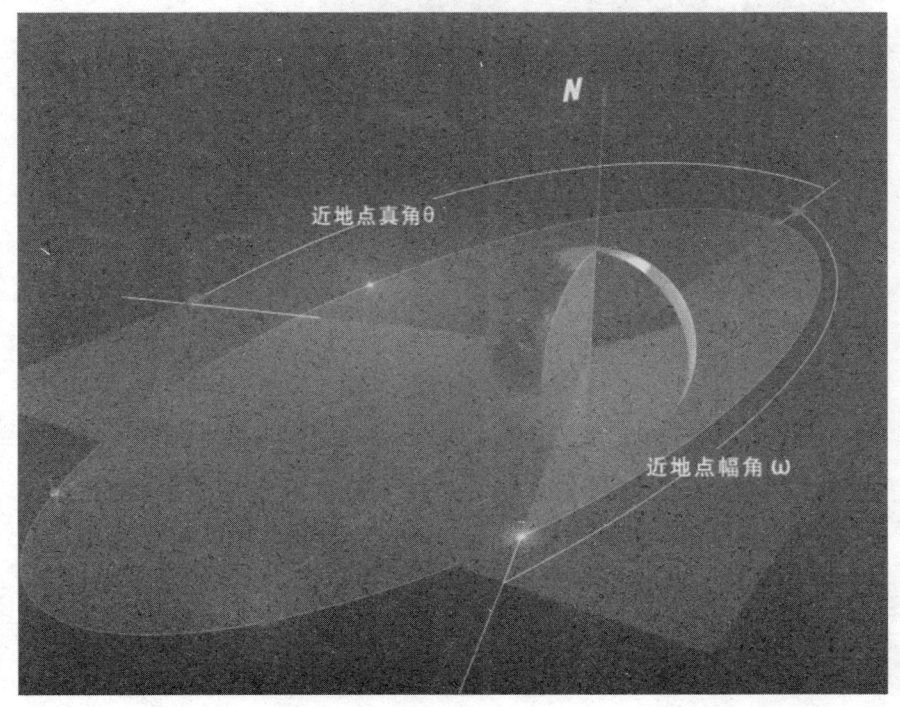

轨道倾角的选取

星下点与轨道倾角有着密切的关系。一定的轨道倾角i，其轨道的星下点只能在与i相同度数的南、北纬度之间移动。例如，轨道倾角i=50°的卫星，其轨道星下点轨迹是一条在南纬50°至北纬50°地区之间变动的曲线。它不可能经过南、北纬50°以上的高纬度地区的上空。如果

要想观察高纬度地区的地面目标，就必须选取大于该目标所处纬度度数的轨道倾角。所以，卫星轨道倾角取多大的i值，取决于卫星的使命。

除了有特殊要求（如太阳同步轨道卫星）外，卫星一般都选取i<90°，这表示发射时向偏东方向发射，这样可利用地球自转带来的牵连速度。

发射场纬度及发射方位角对轨道倾角的影响

从发射轨道进入初始轨道的航天器，其轨道倾角i与发射场纬度ϕ、发射方位角β之间的关系可以用下式表示

$$\cos i = \sin\beta\cos\phi \qquad (31)$$

由式(31)可知：当选定了发射场时（即ϕ值已知），在$0°\leq\beta\leq90°$范围内，β越大，轨道倾角越小；在$90°\leq\beta\leq180°$范围内，β越小，则i越小。显然，当$\beta=90°$时（即向正东发射），$\cos i=\cos\phi$，i达到其最小值，其值等于发射场的纬度ϕ。它说明了从纬度为ϕ的发射场发射卫星，如果不作轨道平面的机动，要想发射出轨道倾角i小于发射场纬度ϕ的卫

星是不可能的,其最小的轨道倾角为i=φ。实现这个角度的条件是发射方位应是正东。

此式又说明:从不处于赤道上的发射场,不能直接发射其轨道面与赤道面重合(即i=0)的卫星。对于我国的西昌卫星发射中心,其所发射的卫星最低轨道倾角约为28°,要使其成为在赤道面内运动的定点卫星,只能在建立初步轨道以后,再使轨道平面改变为与赤道面重合,即需要变轨。

偏心率和半长轴的选取

偏心率的选取也取决于卫星的用途。如要观察地面目标,一般应选用圆轨道、近圆轨道或小偏心率椭圆轨道;如要观察沿高度范围变化的高能粒子或地球磁场分布情况,则应选取大半长轴、大偏心率的椭圆轨道(即远地点高的轨道)。这样,卫星的观察范围就可以加大。

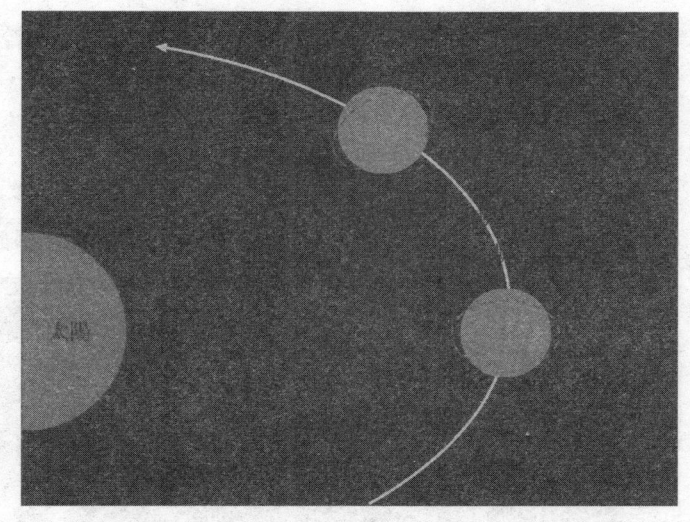

卫星运行的高度既与半长轴有关,也与偏心率有关。如果卫星要对地面进行观测记录(如我国的返回式卫星),在保证一定的卫星寿命的前提下,应选择低圆轨道或低近圆轨道,以提高对拍摄载体的分辨力。但轨道过低会严重影响卫星的工作寿命。对太阳同步卫星,则多选用中等高度轨道。

轨道确定与轨道改进

轨道确定与轨道改进的步骤

已经入轨或依靠惯性在太空运行的航天器,如何确定其运行的轨道呢?这要依赖地面测控网的观测设备,利用观测数据确定航天器轨道参数的过程,叫轨道确定。

轨道确定的步骤:布置在地面适当地点的航天测控站(船)内,用于测量航天器轨道的设备(如雷达、多普勒测速设备、光学设备、激光测距仪等),可获得大量用于轨道计算的各种数据。首先,对这些数据加以预先处理,剔除野值(非正常测量的劣值),修正偏差(如大气折射修正等),整理和压缩数据;其次,应用少量数据确定粗略的轨道

要素，作为进行计算更精确轨道的初值；最后，以轨道初值为基础，用充分多的观测数据进行轨道改进，得到精确的轨道要素。

应用精确的轨道要素，可以计算航天器运行预报和观测预报；为轨道交会和对接提供航天器准确的运动规律；可用于航天器所摄地面图像的准确定位；用于地球静止卫星的准确定点所进行的轨道修正和轨道维持；用于人造地球卫星、载人飞船等准确返回地面的计算和地球引力场模型、地球大气模型及其变化规律的研究等。

除了上述的轨道确定方法外，还可以利用全球定位系统，借助该系统提供的相对于一个星座的几颗卫星的距离和距离变化率，来确定航天器在空间的位置、速度和轨道。这个方法精度高，但要在航天器上增加相应设备，额外增大航天器的有效载荷重量，而且受制于GPS的拥有者。

轨道确定与轨道改进的理论依据

轨道确定中运用的基本理论有航天器轨道运动理论、轨道误差估

算理论和计算方法理论。其中轨道运动理论包括建立和求解航天器运动方程或摄动方程,对于有推力的上升段和返回地球的再入段轨道,一般采用数值计算方法;轨道误差估算理论是研究如何利用大量观测数据求解精确的航天器轨道,这是轨道改进中的核心问题。在实际中常用批量估算法(如加权的最小二乘法)和序贯估算法(如广义的卡尔曼滤波法);计算方法理论主要是指求解轨道改进中的大型线性方程组等问题。

轨道确定的精度分析

轨道确定中的核心问题是轨道精度,引起轨道确定误差的因素很多,可以分为三类:①测量数据的误差:主要决定于测量设备的精度、航天器信标频率稳定度、时间计量精度和大气折射修正精度。②数学模型的精度:主要决定于飞行动力学模型(包括各种摄动力模型)和基本参数误差(包括测量站站址误差、大气密度、阻力系数和地球引力场各种常数误差等)。③计算方法误差:包括轨道要素推算误差和线性方程组计算方法的误差。

轨道误差是指航天器在空间的实际位置与推算出的位置之差,一般在米级到百米级之间,用高精度测量数据来推算可以达到分米级或厘米级。

轨道机动与轨道维持

从不同地理位置的航天发射场发射的航天器，其初始轨道一般都不能满足航天任务的要求，需要从初始的停泊轨道变换到目标轨道。航天器依靠动力从一种轨道转换到另一轨道，称为轨道机动。例如我国的"神舟"号载人飞船，入轨时的轨道是近地点高度约200km，远地点高度约350km，轨道倾角约为42.5°的椭圆轨道，以后变换到高度为343km的圆工作轨道上。对发射高轨道卫星和深空探测器，还要经过一个或数个转移轨道才最后进入目标轨道，中间要经过多次轨道变换。对发射航天器与已在轨运行的另一个航天器交会或对其进行拦

截，就更要实施轨道机动。轨道变换有两种情况，一种是在同一个轨道面上的轨道变换，另一种是改变到不同的轨道面上的轨道机动。

　　航天器的运行是无动力的轨道运行。要改变轨道，必须在某些特定的轨道位置上，先调整好自身的姿态，启动航天器上的动力装置，给航天器提供一个速度矢量增量，以改变航天器速度矢量的大小或方向，实现航天器的轨道改变。在大多数情况下，动力装置的工作时间相对于轨道周期来说是很短的，所以可以把轨道机动当作是速度的一个冲量增量，而航天器的位置保持不变。由于这一原因，改变航天器轨道的机动必须在原来轨道和新轨道的交点处实施。如果这两个轨道并不相交，则要利用一个和这两个轨道都相交的中间轨道，这个中间轨道就是前面所说的转移轨道。为此动力装置至少要点火两次。

　　精确的轨道测量是轨道机动的基础，轨道测量的误差直接带来机动后实际轨道参数的误差。

　　进入任务轨道的航天器，在摄动力的长期作用下，轨道参数会偏离标准值。当轨道参数超出允许范围时，就要实施轨道机动，以修正轨道参数，这称为轨道维持，又叫轨道保持。

同轨道平面的轨道变换

最常见的同一个轨道平面内的轨道机动是改变轨道的大小和能量，通常是从低高度的停泊轨道转移到高度更高的运行轨道，比如转移到地球同步轨道。因为停泊轨道(低轨道)与运行轨道(高轨道)并不相交，因而要求有一个转移轨道。图12就是以霍曼轨道为转移轨道的轨道机动。霍曼轨道的特点是其轨道与低圆轨道、高圆轨道都相切，切点分别是转移轨道的近地点和远地点。通过转移轨道，航天器从一个能量较小的轨道转到一个能量较大的轨道。如果知道低圆轨道和高圆轨道的的高度，就可以根据式(27)计算出在切点A和切点B所需的速度增量。

轨道转移所需的速度总增量，是椭圆转移轨道上近地点和远地点的速度增量之和。由于速度矢量是共线的，所以速度增量等于两个轨道的速度值之差。如果知道初始的和最终的圆轨道半径，则可以算出转移轨道的半长轴以及速度总增量。

轨道面改变的轨道机动

为了改变航天器轨道平面的方向，一般是改变其轨道倾角，这就

要改变速度矢量的方向。这种轨道机动需要有一个垂直于轨道平面的Δv的分量，当然此分量也垂直于原来速度矢量。如果轨道面改变后轨道的大小仍保持不变，则此轨道机动称为单纯的轨道平面的改变。

轨道平面的改变依赖于速度的改变，因而要消耗燃料。速度越大，要改变速度方向的代价也越大。要使燃料消耗最少，应在航天器轨道运动速度最小的地方进行改变轨道平面的机动。对椭圆轨道来说，应在远地点进行。

典型情况下，轨道转移同时要求改变轨道大小和改变轨道平面，例如把一个非零倾角的低高度停泊轨道的卫星转移为一个零倾角的地球同步轨道卫星。可以分两步走，第一步是进行霍曼转移，改变轨道的大小，然后进行单纯的轨道平面的改变，使其转移到赤道平面。

完成轨道机动的另一种办法是利用三次点火。第一次点火是同平面机动，把卫星送入一个其远地点比最终轨道要高的转移轨道。当卫星运行到转移轨道的远地点时，进行一次综合的轨道平面机动，把卫星送入第二条转移轨道，它和最终轨道是同平面的，并且其近地点高度和最终轨道高度相同。最后当卫星运行到第二条转移轨道的近地点时，再进行一次同平面的机动，把卫星送入最终轨道。这样的三次点火机动可以节省燃料，但以增加完成全部机动的时间为代价。

轨道交会

两个原来轨道不相同的航天器，经轨道变换后在同一时刻到达交会点称为轨道交会。当今，轨道交会频繁地出现在各国的航天活动中。如空间站的出现，要求天地之间运输系统的载人飞船和货运飞船经常给空间站运送人员和物资，飞船的每一次飞行都需要与空间站实施轨道交会。我国载人飞船计划中的第二步，亦有要求实现航天器轨道交会的任务。

典型的轨道交会是在初始轨道运行的航天器与另一个在目标轨道运行的航天器的交会。这种高精度的交会要求有一条"调相轨道"来完成轨道机动。所谓调相轨道指的是具有如下性质的任一轨道：从它出发，经过一次霍曼转移后，使得两个航天器具有所要求的相对几何关系。如果初始轨道和目标轨道都是圆轨道，且同平面，这种初始轨道就是调相轨道(图17)，又称为相位轨道。停留在初始轨道的航天器，一直到和目标航天器

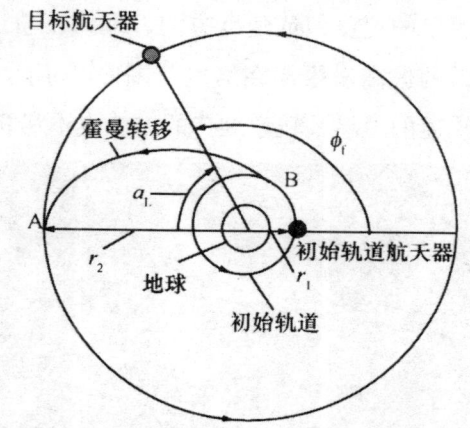

图17 两个同平面圆轨道航天器之间的交会

的相对运动产生所希望的几何位置关系，在这一位置上(即图中的B点位置)便可把初始轨道上的航天器射入一条霍曼转移轨道，并在A点与目标航天器交会。

在初始轨道上的等待时间为

$$t=(\phi_i-\phi_f+2k\pi)/(\omega_{int}-\omega_{tgt}) \quad (32)$$

式中：ϕ_f是交会所需的相位角(目标航天器与初始轨道上的航天器之间的角距)；ϕ_i是初始轨道上航天器的相位角；k为交会机会的序数(对第一次机会，k=0，以后依次是1、2、…)；ω_{int}是初始轨道上航天器的轨道角速度；ω_{tgt}是目标航天器的轨道角速度；超前角a_L等于ω_{tgt}

乘以霍曼转移所需的时间；$\phi_f=180°-a_L$。式(32)中的分母表示两个航天器之间的相对运动。

交会所需的全部时间为等待时间［由式(32)求得］加上霍曼转移轨道上的飞行时间。

轨道维持

轨道维持是用卫星上的动力设备，在地面测控站的控制下，调整卫星的速度值或速度方向，即修正轨道参数，使卫星的轨道与标准轨道的偏离量限制在给定范围内(常用星下点的偏离量来表征)。对不同轨道的卫星，轨道维持的方法也不尽相同。

1. 近地观测卫星的轨道维持

近地观测卫星常采用太阳同步轨道和回归轨道。通常用星下点轨迹在赤道上相对于标准轨道的横向偏离量，来表示轨道的飘移。对低轨道，影响飘移的主要摄动因素是大气阻力，它使卫星轨道周期缩短。

解决办法是使卫星上某特定喷管喷气，产生速度增量，使卫星加速，改变轨道周期，回到规定的范围内。

2. 地球静止卫星的轨道维持

地球静止卫星的标准星下点是在赤道上某定点位置上，因此静止卫s周期性改变，使卫星轨道变成椭圆形或使卫星轨道面产生轨道倾角。其反映在卫星的星下点上，是产生相对于在规定点的东、西或南、北方向移动。解决办法是由地面控制星上的动力装置，使其不同方向的喷管喷气，产生推力，以改变轨道参数，使轨道的飘移控制在规定的范围内。

航天系统工程的组成

航天系统工程由航天运载器、航天器、航天发射场、航天测控网、航天应用等五大系统组成(对载人航天工程还包括航天员系统和着陆场系统)。这五个系统相互协同、配合，完成一项项特定的航天任务。航天任务的特点是：投资大、周期长、技术复杂。美国"阿波罗"登月工程，耗资255亿美元，历时11年，参加工程的有2万家企业、200多所大学和80多个科研机构，总人数超过30万人。我国的载人航天工程，投资180亿元人民币，也历时11年才完成第一艘载人飞船上天和安全返回，还有其他后续的载人航天飞行。由于技术的高度复杂性，需要长期的科学技术积累，需要调动千千万万科技工作者、工人、人民群众和解放军指战员的积极性，甚至是以举国之力，才能完成一项航天工程。所以说，一项重大的航天成果，反映了一个国家的综合实力。随着我国国力的不断增强和科学技术的发展与进步，我国将迎来航天事业更大的发展。

航天运载器

航天运载器是把航天器送上空间预定轨道的运输工具。航天运载器可分为两类：一类是一次性使用的运载火箭；另一类是可以多次重复使用的航天飞机。目前，各国发射航天器仍以运载火箭为主，至今只有美国具有实用型航天飞机。运载火箭绝大部分是使用液体火箭发动机，也有把固体火箭发动机作助推器使用。

各个主要航天国家都各自研制了不同运载能力、不同控制精度的运载火箭系列，以满足担负不同任务航天器的要求。迄今为止，世界上运载能力最大的运载火箭是美国的"土星"5号运载火箭，高达85.69m，最大直径10m，起飞质量达2930t，一级发动机总推力有33350kN，可以把质量127t航天器送入近地轨道，使质量48.8t的航天器达到第二宇宙速度。

衡量运载火箭技术水平的主要技术指标是运载能力和入轨精度。运载能力是指火箭可送入预定轨道的有效载荷(航天器)的质量大小，它与预定轨道的高度和倾角有关。因此，在表示运载能力时必须说明轨道高度和倾角，尤其是高度。而入轨精度则表示火箭控制系统的水平和能力。衡量运载火箭技术水平的另一个重要指标是可靠性。

各国主要运载火箭系列的性能、火箭总体结构及各分系统将在后面介绍。

航天器

航天器是卫星、飞船、空间站、航天飞机和空间探测器的总称，是指在地球大气层以外的空间执行特定任务的飞行器。

航天器是航天系统工程的主体，可以说，其他系统都是为了保证航天器顺利上天和上天后的工作延伸。其最终目的是：开发利用空间资源，

为人类服务。

航天器的出现使人类的活动范围从陆地、海洋、空中，发展到地球大气层以外的宇宙空间。40多年来，人类在探索、开发和利用外层空间资源方面取得了重大成就，对科学研究、军事活动和国民经济等领域产生了重大影响，大大促进了人类社会的进步。

航天器在天体引力场的作用下，按天体力学的规律在空间运动。它的运动方式主要有两种。一种是环绕地球或其他星体运行；另一种

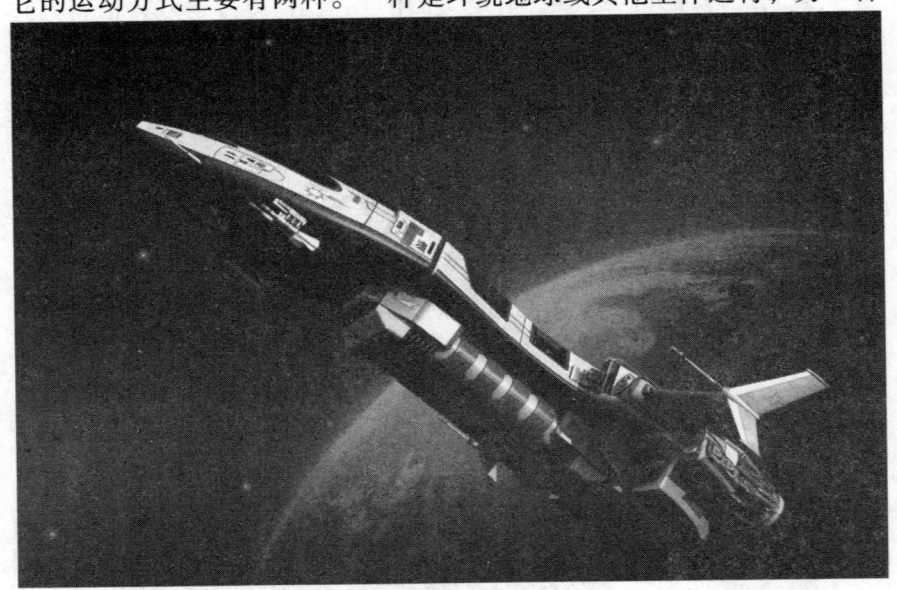

是摆脱地球引力在行星际空间航行。航天器要冲出地球大气层在外层空间飞行，必须获得足够大的初速度。人造卫星入轨速度越大，动能就越大，它环绕地球飞行的椭圆轨道偏心率就越大，当卫星的运行速度达到11.18km/s(即第二宇宙速度)时，它就不再环绕地球运行，而是脱离地球引力，变成环绕太阳运行的行星际探测器。

航天器在发射时要经受巨大的过载、振动、噪声和冲击，入轨后需长时间工作在高真空、强辐射和高低温剧变的恶劣空间环境中，因此，必须有相应的保障系统，以保证航天器的正常工作。

航天器所用材料和元部件都要求具有很高的可靠性，一个关键元

部件的故障，一个错误指令的发出，甚至某个焊点的虚焊或多余物的留存，都可能酿成整个航天器的灾难性事故，造成难以弥补的经济损失。美国"挑战者"号航天飞机的灾难性事故，就是因为助推火箭上的一个密封圈失效造成的。由此可见，研制、发射航天器，不仅需要高新技术，而且还需要一丝不苟的严谨作风，决不能让任何隐患上天，这已成为航天工作者的工作准则。

展望未来，航天器将向两个方向发展。部分航天器可能朝着大型、可维修、长寿命、综合利用方向发展，如大型应用卫星、大型空间站、月球基地和火星基地等。在20世纪80年代以前这种趋势曾被认为是占主导地位，但进入90年代以后，随着某些材料和微型、超微型技术取得突破性进展，同时由于大型、综合利用的航天器研制周期长、费用高、风险大而转向发展功能单一、性能优异的小型或微型卫星。也就是说，某些无人航天器有可能朝着低成本、高性能、小型化方向发展，如小型低轨移动通信卫星、战术侦察卫星和资源遥感卫星等，将会扮演重要角色。小型卫星一般质量在500kg以下，其特点是研究周期短、发射方式灵活、成本低，对应付突发事件有重要意义。

航天发射场

航天发射场是运载火箭运送航天器进入预定轨道的出发点。从广义上讲，航天发射场可以设在地面上，也可以设在空中飞机和海洋平台上，甚至可以设在近地轨

道的航天飞机和空间站上。和地面发射相比，从空中发射卫星具有不受地理位置限制、准备时间短、节省火箭燃料等优点。目前，各国的航天器绝大部分都从设备完善的地面发射场发射入轨。

　　根据航天器的技术特点和安全要求，选择发射场的原则：①应选择在人烟稀少、地势开阔、交通方便、不会危及本国和他国人民安全的荒野、沙漠和海岛上。②应选择有利的地理位置。因为航天器的轨道倾角与发射场所处的纬度有关，所以，如果火箭向正东方向发射，不仅航天器的入轨倾角等于发射场的纬度，还可充分利用地球自转产生的牵连速度，提高运载能力。对于发射地球同步轨道卫星来说，发射场的纬度愈接近赤道愈好，这样可以得到更大的牵连速度和减少变轨时需要的能量。法属圭亚那的库鲁发射场，地处北纬5°10′，是理想的地球同步轨道卫星发射场。但对于发射太阳同步轨道卫星来说，发射场的纬度应高一些。③气象、水文和地质条件。发射航天器对气象条件有较严格的要求，发射场一般应选择在雷雨少、湿度小、风速

低、温差小的地方，还要注意选择地势平坦、地质构造坚实、水源丰富、有利于跟踪测量站的布网和发射场总体布局的地方。当然，上述三方面条件要根据各国的国情综合考虑。

航天测控网

　　航天测控网是对运载火箭和航天器的飞行状态进行跟踪、测量和控制的专用系统。航天测控网的主要任务有五项：①跟踪测量运载火箭和航天器的飞行轨迹，获取各种轨道数据，以便计算出航天器的准确轨道，发出轨道预报，并在事后给出测量报告。②遥测运载火箭和航天器各分系统的工作状态和环境状态信息。③遥控，即在飞行过程中向火箭和航天器发送各种控制指令和注入数据。有的应用卫星(如对地观测卫星)是由星上计算机按预先编制和存贮的理论轨道数据自动完成程序控制的，卫星入轨后，需由测控网测算出实际飞行轨道，将轨道参数注入卫星，依次修正星上的程序控制时间。航天器变轨、交会和返回等程序，都由测控网控制。对在轨运行的卫星实施监控，必要

时实施轨道修正。④接收航天器发回的探测数据，以及航天员生理状态的遥测信息和视频、音频信息，起到沟通地面与天上通信联络作用，故测控网又称为测控通信网。⑤对于要求高精度定位的应用卫星(如导航卫星、测地卫星、侦察卫星等)，要由测控网向用户提供卫星在每一个时刻的准确位置(或轨道)数据及其对应的时间数据，作为用户在处理卫星数据时的基准信息。

航天应用

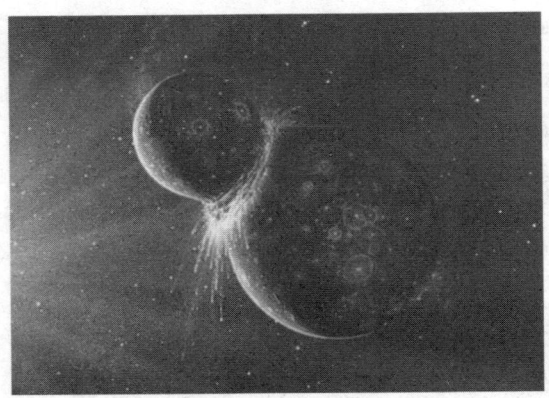

航天应用一般是指各种卫星获得各种信息在地面上的应用，如在卫星通信、卫星遥感和卫星导航定位系统等方面的应用，同时也包括微重力情况下的科学实验和生产、月球与行星探测和开发，以及天文观测等活动。它们统称为卫星应用系统。

目前，世界各国投入业务运行的各种卫星应用系统已有百余个，其中以卫星通信的经济效益最好。许多卫星应用系统实现了产业化，其产品应用到生产、生活许多领域，造福于社会和人民。

我国航天系统工程的创建和成就

灾难深重的旧中国受尽帝国主义列强的盘剥和欺凌,经济技术落后,文化颓废,民不聊生。中国人民经过一百多年前赴后继的不懈斗争,终于在1949年10月1日赢来了伟大的胜利,成立了中华人民共和国,从此中国人民站起来了。刚刚诞生的新中国,百废待举,祖国领土不可分割的台湾有待实现统一。正当中国人民满怀信心建设自己国家的时候,爆发了朝鲜战争。战火烧到我国鸭绿江边。外国的军舰陈兵台湾海峡,对我国实行军事、经济、技术封锁,派高空侦察机对我国实施军事侦察。核火箭成了悬在中国人民头上的一把刀,随时都受

到核讹诈和核威胁，妄图将诞生不久的新中国扼杀在摇篮之中。国际形势十分严峻，中国人民要想真正挺直腰杆，自强自立于世界民族之林，抵御帝国主义的武力侵略，保卫自己国家的安全，维护世界和平，就必须自力更生，奋发图强，打破超级大国的核讹诈和核垄断，尽快建立强大的国防。从20世纪50年代中期开始，中国就决心独立自主地突破国防尖端技术，完全依靠自己的力量，发展原子弹、导弹、人造地球卫星(以后人们称之为"两弹一星")。虽然当时我们国家的经济、技术基础十分薄弱，航天方面更是"白纸"一张。但我们拥有一支充满爱国激情，决心为祖国的强盛贡献一切的科技队伍。他们当中最杰出的代表之一是中国现代科学家、著名火箭专家钱学森院士(图18)。

钱学森是浙江省杭州市人，1911年12月11日出生于上海。1934年毕业于上海交通大学，1935年赴美国留学，获硕士、博士学位，毕业后从事火箭、导弹研究。新中国成立后，他于1955年回到祖国，他在我国航天事业的主要领导者和奠基人之一、国务院副总理聂荣臻(图19)的直接领导下，1956年2月向政府提出发展我国火箭导弹事业的建议，并参与组建国防部第五研究院。此后长期担任火箭导弹和航天器研制的技术领导职务，为组织领导中国运载火箭和航天器的研制工作

图18 钱学森(1911—2009)

图19 聂荣臻(1899—1992)

发挥了巨大作用。他对中国火箭、导弹和航天系统的迅速发展做出了重大贡献。

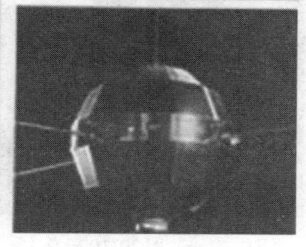

参与"两弹一星"工作的广大干部、工人、解放军指战员和民兵团结在一起，发挥"热爱祖国、无私奉献，自力更生、艰苦奋斗，大力协同、勇于登攀"的"两弹一星"精神，取得了举世瞩目的辉煌成就。先后于1960年9月10日成功地发射了第一枚导弹；11月5日我国自制的第一枚短程导弹发射成功；1964年6月29日我国独立自主研制的中近程导弹试验成功；我国研制的第一颗原子弹爆炸成功后不久，于1966年10月27日我国第一颗装有核弹头的地地导弹飞行爆炸成功；1970年1月我国第一枚中远程弹道导弹试射成功；1970年4月24日我国第一颗人造地球卫星"东方红"1号发射成功(图20)；1975年11月26日成功发射了第一颗返回式卫星；1980年5月18日第一次向太平洋发射远程火箭；1981年9月20日用一枚火箭发射了三颗卫星；1984年4月8日发射了第一颗地球静止轨道通信卫星；1988年9月7日发射了太阳同步轨道卫星；1992年9月载人航天工程启动；2003年10月首次实现了载人航天飞行；2004年2月我国"嫦娥"绕月探测工程正式开始实施。这些事实无可争辩地宣告，中国人民有能力攀登世界科学技术的高峰。

尽管在发展过程中遇到过无数的困难和各种各样的干扰，但都无

图20 1970年4月24日我国发射的"东方红"1号卫星模拟图

法阻止我国在尖端科学领域中攻克一座又一座高峰的步伐。其中包括"三年自然灾害"时期和"文革"十年动乱时期,以及外国封锁禁运、撕毁协议、撤走专家所带来的困难。

目前,我国已拥有"长征"系列多种型号的运载火箭,它们能发射近地轨道、地球同步轨道和太阳同步轨道的卫星。近地轨道(指轨道倾角28.5°,200km高的圆轨道)的运载能力达到9500kg,地球同步转移轨道的运载能力为5200kg,可以满足我国发射各种应用卫星、小型的空间(月球)探测器、舱段式载人航天飞船等航天器的要求。"神舟"系列飞船的圆满发射,更证明了我国运载火箭性能的优良。在可靠性方面也作出喜人的纪录,从1996年10月至2007年6月,"长征"系列火箭连续11年、58次发射获得圆满成功。

我国的运载火箭不仅承担发射本国航天器的任务,而且走向世界,承担了部分国际商业发射任务。1990年进行首次商业性发射,把美国休斯公司制造的"亚洲"1号通信卫星送入地球同步转移轨道。至2005年4月共进行了24次商业卫星发射,成功发射30颗外国卫星(有6次每次发射2颗美国"铱"星),还多次向国内外提供搭载服务。

从1958年开始我国就在西北的戈壁滩上建设火箭发射基地。全体建设者和试验工作的参加者克服异常恶劣的自然环境,立下"以场为家,以苦为荣,死在戈壁滩,埋在青山头"的誓言。在茫茫荒原大漠,建立起现代化试验基地,完成了一系列震惊中外的试验任务,建成世界一流的航天发射场,即酒泉卫星发射中心。以后又在太原和西昌建立了第二个、第三个卫星发射中心。

我国航天测控网的建设也与航天运载火箭、应用卫星、载人飞船等航天器的发展同步进行。我国目前的卫星测控网是以北京航天飞行控制中心、西安卫星测控中心为核心,长春、闽西、渭南、南宁、喀什等多个固定测控站和若干活动站,外加四艘"远望"号航天测量船组成的综合测控系统。多年来,这个测控网出色地完成了从酒泉、西昌和太原卫星发射中心发射的各种轨道卫星的测控任务。尤其在发射"神舟"系列飞船任务中出色地完成测控、通信任务,使我国航天测控网进入世界先进行列。

自1970年"东方红"1号卫星发射成功之后,我国已独立设计、研

制并发射了科学实验卫星、技术试验卫星、返回式和微重力试验卫星、通信广播卫星、气象卫星和资源卫星等6个系列多种型号的卫星。这些卫星对我国的经济建设、国防建设、科学进步发挥了巨大的作用。

我国的卫星设计已采用国际标准,并与国外合作研制资源卫星和广播卫星,返回式卫星还为国内外用户搭载了微重力试验项目。

我国除了大力发展应用卫星、科学卫星外,还迈上载人航天新台阶,"神舟"号三舱式的载人航天飞船,实现了跨越式的发展,而且有所创新。

我国已建立了从事航天器和运载火箭设计、生产和试验的航天工业体系。遍布全国的航天工业包括了航天器和运载火箭总体、自动控制、火箭发动机、无线电测控、强度与环境、惯性器件、通信、遥感、材料工艺、仿真试验、返回与回收、计量测试、地面设备、计算机应用等门类齐全,技术力量配套的设计院、研究所、工厂、试验站,形成航天器和运载火箭设计研制、试制生产、测量试验的研制体系和工业体系。

40多年来,我国利用科学实验卫星在宇宙线、电离层、地磁场、大气密度、太阳物理学和空间物理学方面获得了大量资料,为进一步开展空间科学研究奠定了坚实基础。此外,在改进航天器设计、减轻航天器质量、降低航天器研制费用、延长航天器工作寿命等方面也取得了很大进步。

我国的卫星遥感技术应用系统初步形成，有许多单位直接从事或参加卫星遥感工作。建立了国家遥感中心，在农业、林业、水利、地质矿产、能源、测绘和海洋等部门已建立了十几个遥感中心，处理和应用卫星遥感资料；在20多个省市也建立了遥感中心，中心下设遥感站、组等机构，建立了相应的遥感数据库。国家遥感中心协调遥感资料共享和技术攻关。我国发射的返回式卫星获取的影像资料，在国土普查、资源和地质勘测、环境监测、海洋与海岸调查、港口和电站等选址、铁路选线、地震预报等方面提供了有价值的信息。

我国已建立了卫星电视教育系统和卫星通信广播系统。卫星电视教育系统在全国建有教育电视台、收转站和接收站数千座，放像点数万个、覆盖率达80%以上。

中央电视台的节目早已通过通信卫星向海外和全国播送，中央广播电台也通过卫星用多种语言向海外播放广播节目。一些边远地区可直接接收卫星电视，已有十多个省市通过卫星向全国播送电视节目。

我国已初步形成了国家卫星通信系统，包括五座卫星通信地面站

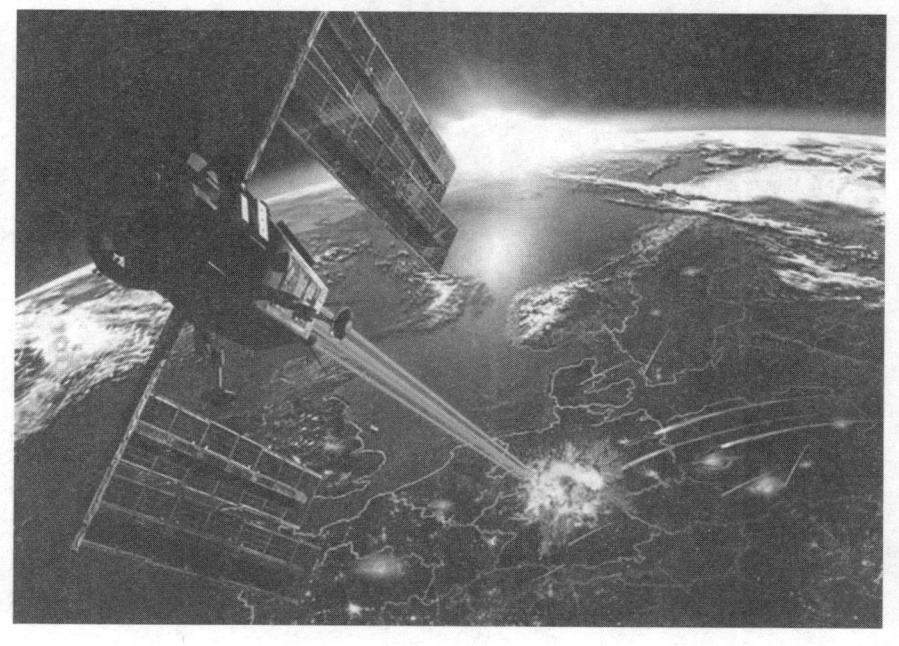

和数以万计地面接收站，可与50多个国家和地区直达通信。在我国其他行业和系统，如金融保险业、交通运输业、水利电力调度、新闻、煤炭、石油、地震等行业都建立了各自专用的卫星通信系统。

我国的气象卫星应用系统采用国内外兼容体制，除了接收和处理我国气象卫星的资料外，还兼顾接收和处理美国和日本的气象卫星资料。气象卫星应用系统由分别位于北京、广州和乌鲁木齐的三个地面站以及一个数据处理中心组成，该系统在中期数值天气预报、热带风暴预报、降水预报及洪水、森林火灾、积雪、冰凌、干旱和环境监测等方面发挥了重要作用。

微重力科学实验项目在我国也已开展，并取得了科研成果和实物样品。我国的微重力科学实验在1987年开始，搭载在我国的返回式卫星上。这些微重力科学实验包括有源和无源的实验项目，其中有些是国家"863"高技术中立项的项目，如砷化镓、碲镉汞等半导体晶体的生长实验，蛋白质晶体的生长实验，观测微生物、动物细胞、植物种子等生物样品在辐射和微重力环境中出现的变异等。我国的微重力科学实验已取得不少成果。

航天器的分类

航天器可以分为无人航天器和载人航天器两大类。无人航天器又可分为人造地球卫星、运货飞船、空间平台和空间探测器；载人航天器可分为载人飞船、空间站、航天飞机等。分类方法如图21所示。

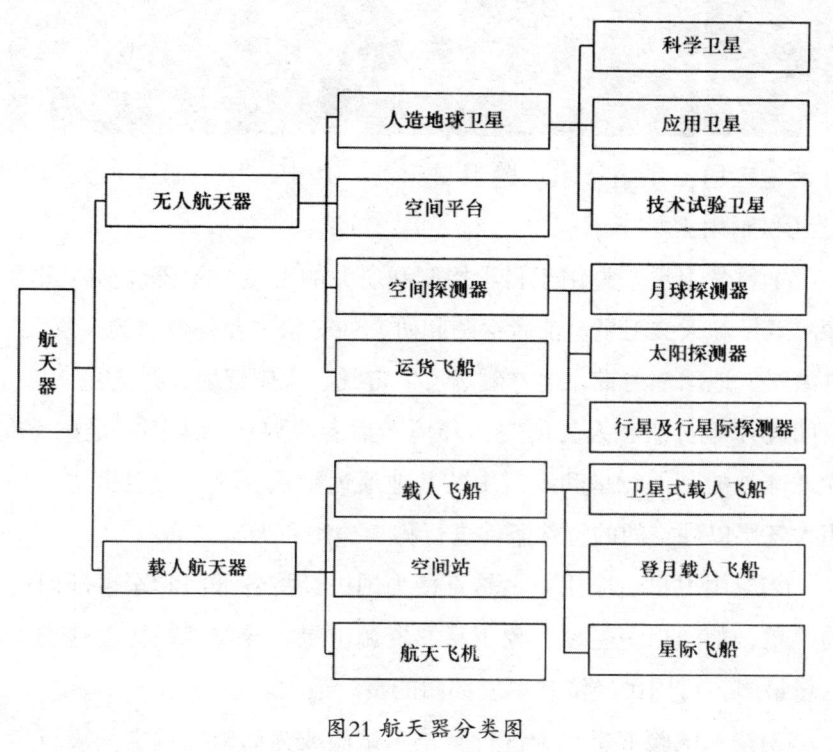

图21 航天器分类图

1.人造地球卫星

人造地球卫星是发射数量最多、用途最广的航天器。这类卫星约占人类发射航天器总数的90%以上。按用途分，卫星可分为科学

卫星、应用卫星、技术试验卫星三类。其中应用卫星又可分为民用卫星和军用卫星。

(1)科学卫星 是用于科学探测和研究的卫星。主要包括空间物理探测卫星和天文卫星。前者探测和研究的对象主要是地球的高层大气、电离层、地球辐射带、地球磁场、宇宙线、太阳辐射、微流星、极光、空间碎片等自然和人为的空间环境；后者主要观测太阳一类的恒星、除地球外的其他行星和宇宙中的其他遥远星系。这一类卫星主要是利用大气层以外空间的特殊条件进行科学探测和天文观测。

(2)应用卫星 应用卫星是直接为国民经济各部门和军事部门服务的卫星，如通信卫星、气象卫星、资源卫星、导航卫星等。这类卫星数量最多，对国民经济和军事部门的贡献最大。

(3)技术试验卫星 为进行新技术试验或为尚未经过空间飞行考验的有效载荷进行先期试验的卫星。为了确保正式应用的卫星能够长寿命、高可靠性地投入使用，往往需要把航天新技术、新原理、新方案、新仪器和新材料等，先放在试验卫星上进行空间试验。只有经过这种试验，证明是成功的产品和技术，才能正式应用在卫星上。这类卫星数量较少，但试验内容十分广泛。

2. 空间平台

是国外在20世纪80年代开始发展的一种新型无人航天器。它与人造卫星的不同点是可在轨道上维修和更换仪器、加注燃料和补给品，是一种介于人造地球卫星和空间站之间的大型综合系统，可用于通信、对地观测、微重力生产和天文观测等领域。空间平台易于安装和更换，能适应携带不同的有效载荷和用不同的运载工具发射，可重复使用数十年。但空间平台存在造价昂贵、风险大和技术上难度高等缺点，发射数量较少，有待进一步完善。

3. 空间探测器

以月球和太阳系中的太阳、水星、金星、火星、木星、土星、天王星和海王星为主要探测目标的无人航天器。按探测目标可分为月球探测器、太阳探测器和行星及行星际探测器。

(1)月球探测器 为了实现载人登月，美国和苏联在20世纪60年代~70年代初曾发射了一系列月球探测器。这些探测器有的飞掠月球，有的直接撞击月球，更多的是绕月飞行或在月面软着陆。

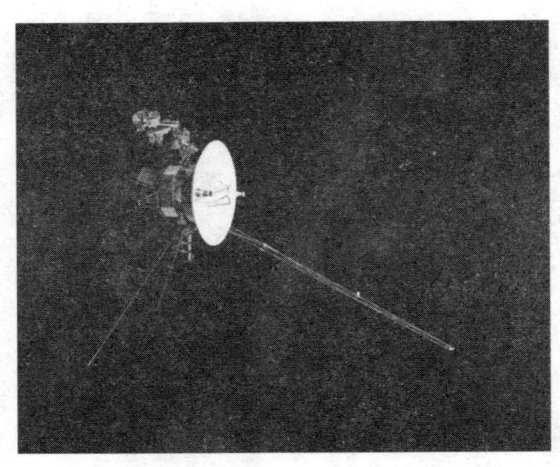

(2)太阳探测器和行星及行星际探测器 太阳、行星和行星际探测器都能脱离地球轨道,以大于第二宇宙速度飞向预定探测目标。其中,有的绕太阳飞行,有的成为环绕行星飞行的人造行星卫星,有的在金星和火星表面着陆,有的匆匆飞过行星,对其进行近距离探测。

4. 运货飞船

由载人飞船改装而成,专用于空间站的物资补给,一次可运载2.5t物资,节省运输成本。

5. 载人飞船

是能保障航天员在太空执行航天任务,并能使航天员安全返回的航天器。载人飞船可分为环绕地球轨道飞行的卫星式载人飞船,飞往月球的登月载人飞船和飞往太阳系各大行星的星际飞船。迄今,人类已进入地球轨道,并登上了月球,本世纪人类有可能登上火星。

6. 空间站

是环绕近地轨道飞行,具备一定试验或生产条件,可供多名航天员生活和进行科学实验的长寿命航天器,又称航天站、太空站或轨道站。空间站在轨道长期运行期间一般需要定期补给。因此，必须发展相应的补给运输系统，以便接送航天员、运送补给品和仪器设备。苏联采用"联盟"号飞船往返接送航天员，用不载人的"进步"号运货飞船运送物资；"国际空间站"还用航天飞机往返运送人员和物资。

7. 航天飞机

是借助运载火箭或助推器垂直发射，在近地轨道上完成任务后能像滑翔机那样在跑道上水平着陆的、可重复使用的带翼载人航天器。其主要任务是：向空间站运送人员、货物、设备，释放、回收、维修卫星和在空间作科学实验等。它具有轨道机动的能力。

各种无人或载人航天器均由两部分组成，即有效载荷和保障系统。有效载荷是航天器最重要的部分，它们通常由一些仪器设备组成，直接完成通信、遥感、观测、科学实验、军事等航天任务。保障系统为有效载荷完成航天任务提供支持和保障。

卫星的结构分系统

卫星结构分系统的功能与组成

卫星的结构分系统的主要功能是为卫星各分系统和有效载荷提供机械支撑。结构分系统由承力结构、外壳结构和某些功能结构(例如防热结构、密封结构)组成。结构分系统除为卫星的仪器设备提供安装基座外,还能够屏蔽空间辐射,传递运载火箭的巨大推力,对返回式卫星而言,还有保护卫星的回收部分在返回地球时不受气动热损坏。在设计结构分系统时,应在满足功能要求的前提下,尽可能做到质量轻、

易加工、成本低、可靠性高。结构质量通常占航天器总质量的20%左右，先进的结构设计可将质量百分比降至10%甚至更低，因此结构设计的潜力较大。卫星的质量每降低1kg，运载器的质量就可降低200kg~300kg，这样可节省发射费用。

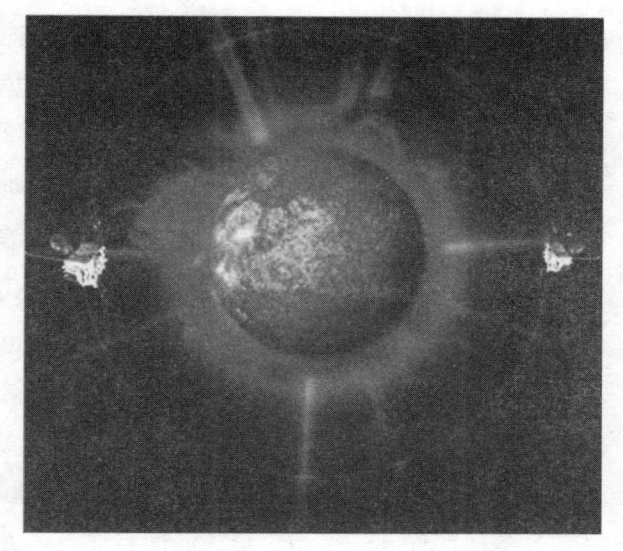

卫星的外形多种多样，有球形、锥形、圆柱形、方形及其他形状。外形的多样化是卫星的飞行任务和运行过程多样化的反映。

各种卫星的结构都是由一些基本构件组成的，主要是隔框、横梁、仪器安装板、桁条、蒙皮等。其中隔框、横梁、桁条都是承力结构，它们构成卫星的骨架。仪器安装板一般装在横梁上，用于安装仪器设备，因此，仪器安装板具有较好的力学环境、安装精度和热环境对仪器正常工作是有利的。蒙皮的作用除保护内部仪器不受空间辐射破坏外，还有蒙皮内外表面附着的热控制材料(热控制涂层和保温材料)可维

持航天器适宜的温度；蒙皮外表面可敷设太阳能电池；蒙皮外安装的防热材料可保护卫星重返大气层时不受气动加热破坏；密封舱体的蒙皮保证舱体的密封性能。

　　卫星还有一些伸展机构，例如天线和太阳能电池帆板。在进入空间轨道前，由于安放空间的限制，它们折叠收缩成很小的体积，进入轨道后自行展开并锁定。有些短波天线是拉杆式的，收缩时只有几十厘米，展开后可长达几米。抛物面状卫星天线也能做成折叠式的，一种直径9.2m的抛物面天线是用记忆合金丝编制的，经过成形、热处理，在室温下折叠收拢，所占体积很小。发射入轨后，在一定温度下自行展开。大面积太阳能电池帆板(或太阳电池阵)是新型长寿命卫星必须具备的部件。长寿命卫星的能源只能取自太阳能电池。早期小功率不能对日定向的卫星，多将太阳能电池固定在卫星外表面(如我国第一颗科学试验卫星"实践"1号)。但随着能源需求的增长，卫星表面积不敷需求，展开式太阳能电池帆板便应运而生。刚性太阳能电池帆板一般都用蜂窝夹层板制造。这种夹层板上下面板是碳纤维复合材料，中间夹芯是铝箔制成的铝蜂窝。夹层板具有良好的刚性和强度且极轻。每块单板用铰链连接，入轨前折叠并锁紧，入轨后有一套解锁伸展机构将折叠的帆板展开。

　　小型卫星由于仪器设备不多，功能较简单，有可能采用单舱结构。但更多的卫星采用多舱结构，将仪器设备布置在不

同舱内，以适应航天任务的要求，例如，我国研制的第一颗返回式卫星质量为1800kg，由仪器舱和返回舱组成。仪器舱内装有地物相机、星空相机及姿态控制系统、跟踪系统等重要设备。仪器舱是密封的，并设有遥感窗口。返回舱内除装回收系统外，还有回收片盒等重要设备。返回舱外的烧蚀防热结构可保证返回舱顺利穿过大气层重返地面。而仪器舱在卫星完成任务后留在空间轨道不再回收。这种分舱设计降低了卫星成本，并使仪器设备各得其所。

近年来逐渐发展了公用舱结构设计思想，即将卫星结构按功能分舱，如有效载荷舱、服务舱、动力舱等。这种组合式模块设计方法可以简化结构设计、提高设计的通用性，以降低成本和缩短研制周期，并有利于提高产品可靠性。例如，在航天任务相近时，有时不对服务舱做大的改动，只需改变有效载荷舱就可做到一星多用。这种设计方法已用于通信卫星和对地观测卫星的结构设计，常称为卫星平台。

卫星的结构材料

卫星结构材料的性能对结构设计有决定性影响。设计者希望结构

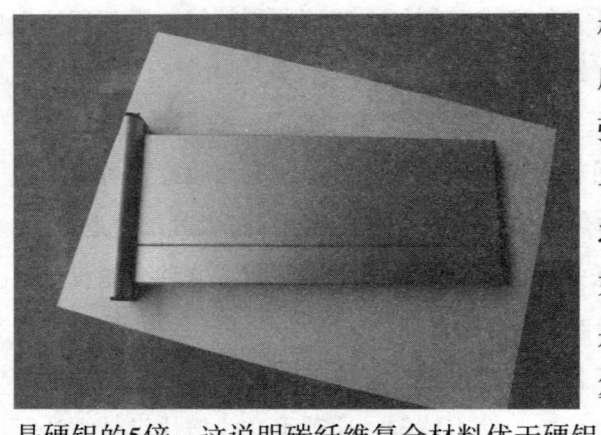

材料强度高、刚度好而质量密度小,通常用比强度(强度与密度之比)与比刚度(刚度与密度之比)来综合考虑。例如,硬铝的比强度大约是钢的1倍,而碳纤维复合材料的比强度又约是硬铝的5倍,这说明碳纤维复合材料优于硬铝,而硬铝又优于钢。优良的结构材料还应具备工艺性能好、价格较低、耐空间辐射等性能。

　　铝合金是当今使用最多的卫星结构材料,这是因为铝合金比强度和比刚度高;工艺性能优良,易于进行焊接、铆接、铸造和冲压;品种较多,有硬铝、软铝、锻铝、铸造铝等,可用于不同的结构件且价格较低。镁合金密度比铝合金更低,比强度与比刚度略低于铝合金,易加工,能承受冲击载荷,是使用较多的轻金属结构材料。钛合金比强度约为铝合金的1.6倍,抗腐蚀,在低温和高温下均可使用,在卫星结构材料中是后起之秀。但工艺性较差、价格较高是其不足之处。

　　各种复合材料,即纤维增强塑料,在航天器结构设计中得到越来越广泛的应用,常用的纤维材料有玻璃纤维、芳纶纤维、碳纤维及硼纤维等,使用最多的基体材料是环氧树脂塑料。卫星结构材料常采用碳纤维复合材料,这种材料在相同强度下,质量仅为铝合金的1/3左右,且抗疲劳、耐腐蚀、耐冲击和振动、热膨胀系数低。各种航天器越来越多地采用复合材料制造承力结构和活动部件。某些部件,例如太阳能电池帆板,几乎都使用碳纤维复合材料来制造。

　　返回式卫星的返回舱都具有防热结构,以防止重返大气层时被气动热破坏。防热方式有两种,一种是烧蚀式防热,其防热结构外表面为烧蚀材料层,烧蚀材料有尼龙酚醛、有机硅树脂、热塑环氧、聚四氟乙烯、玻璃钢及石墨等。它们在受到气动热时发生升华汽化、热解、氧化等复杂的"烧蚀"现象，吸收大量的气动热，从而使舱内温度不至于过高。另一种常用的防热方式是辐射式防热，其防热结构外表面是由难熔金属(如钼合金和铌合金)制成的蒙皮，蒙皮与航天器结构之间有一层隔热材料。蒙皮外表面涂有抗氧化高辐射率涂层，重返大气层时蒙皮在高温下不会破坏，且向外辐射出大量热量，使航天器内部仍能维持正常的温度。

我国航天器结构系统设计队伍，经过40余年的工作实践，已独立开发了各种卫星结构系统的设计、计算与试验技术。圆满完成了我国各种科学试验卫星、返回式卫星、通信卫星和气象卫星的结构设计任务。我国研制的卫星已采用了复合材料、钛合金、镁合金等新材料。返回式卫星的防热结构、密封结构及各种长寿命卫星的折叠式太阳能电池阵，虽然具有较大技术难度，但我国结构系统设计人员亦能完全掌握。这说明我国的卫星结构设计与生产已接近世界先进水平。

卫星的热控制分系统

卫星的热控制分系统也称为温度控制分系统，其任务是卫星在轨运行阶段中控制卫星内外的热交换过程，使卫星各部位温度处于要求范围之内。不同的卫星，其携带的仪器设备和所载的生物品种对环境温度有不同要求。如有些卫星上的红外遥感器需要有超低温工作环境；广播卫星的大功率发射管发出大量热量，要求强化散热；蓄电池的温度范围要求为5℃～10℃；常用的液体单元推进剂肼(N_2H_4，常用于卫星的控制)必须保持在7℃～35℃的温度。一般说来，卫星上的多数仪器设备要求在5℃～40℃的温度范围内工作，仪器设备舱要有良好和均

匀的温度环境。有些精密仪器的温度要求就极为苛刻，如某些空间相机要求在18℃±3℃的工作温度。要在宇宙空间满足这些温度要求，而又不消耗过多的能量，必需做出许多技术努力。

空间热环境

宇宙空间的热环境与地球表面大不相同。其特点是超低温和高真空。宇宙空间的背景温度是3K，也就是说一颗卫星若不接受太阳和其他星球的辐射加热，又没有内热源，它的温度最终将降至4K的低温。在这样的温度下许多生物体都无法正常生存和发育，仪器设备无法正常运转。

宇宙空间的高真空使得热对流不能进行，卫星内部只能以辐射和传导进行热交换；而卫星外部只存在辐射热传导。卫星接受到的外部热量主要是太阳辐射(强度为1353W／m^2)，如果控制不当，太阳辐射可使卫星局部温度升高至100℃以上，使仪器设备无法正常工作。而在地球阴影区没有太阳辐射，温度可能会很低。所以卫星要完成所担负的航天任务必须要有热控制系统。热控制方法有被动式和主动式两种。

被动热控制

被动热控制不消耗能源，借助于热控制涂层、绝热材料、热管、相变材料等方法和设施合理组织热交换，可使卫星或仪器设备的温度处于要求范围内。被动热控制是卫星主要的热控制手段,其不足之处是很难把温度控制在窄小的范围内,而各种主动热控制方法可以补偿这一不足。下面具体介绍不同的被动热控制方法。

1. 热控制涂层

热控制涂层是卫星热控制必不可少的最重要手段(图22)。热控制涂层主要涂覆在卫星或仪器设备的外表面,控制该涂层的太阳辐射吸收率α与发射率ε,便可控制表面辐射能量平衡,从而控制表面的温度,其原理十分巧妙。涂层吸收太阳辐射能的大小是太阳辐射强度与吸收率α的乘积;涂层向外辐射热能的大小正比于涂层的发射率ε与涂层热力学温度的4次方,即T^4,不难推出涂层平衡温度T(K)正比于$(\alpha/\varepsilon)^{1/4}$,因而只要控制$\alpha/\varepsilon$,便可得到所要求的卫星外表面温度。

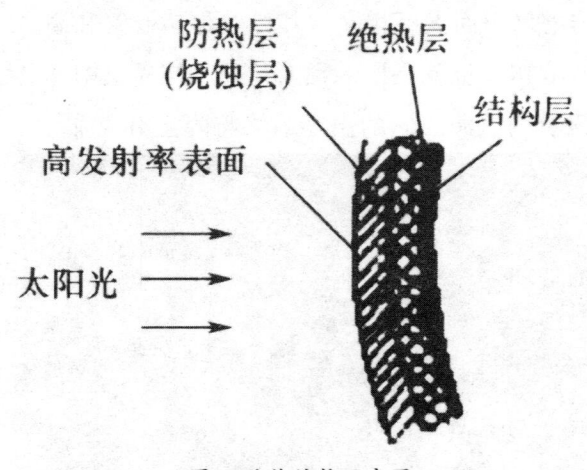

图22 防热结构示意图

表4列出了不同α/ε值涂层在受到太阳光垂直照射时的平衡温度(计算时假设表面受到1353W/m^2的太阳辐射,背面是绝热的)。可以看到,随着α/ε值的变化,设计师可以在宽广的温度区间选择表面的平衡温度。这种热控制方法不耗用卫星上的电源,简单可靠。用这种方法可以得到适宜的外表温度,从而使卫星内仪器设备有一个良好的热环境。目前已经研制成功了α/ε值范围广阔的系列热控制涂层,这些涂层包括涂料型的有机漆和无机漆,电镀或真空沉积的金属及氧化物涂层,经抛光或喷砂处理的金属表面等。

表4 不同α/ε值涂层在受到太阳光垂直照射时的热平衡温度

α/ε	0.07	0.20	0.25	0.50	0.70	1.00	6.00	10.00
热控涂层	石英玻璃镀银第二表面镜	白漆	白漆	灰漆	灰漆	铝粉漆黑漆	电镀黑漆	电镀金
平衡温度/℃	−71	−10	5	57	86	120	342	426

2.热管

热管是航天技术领域首先开发使用的一种高效传热元件。热管的原理如图23所示，金属管内表面覆有一层多孔毛细结构芯材，抽尽管内空气并注入一定量经选择的流体作工质（航天器上的热管常以氨水为工质）。在加热段，芯材的液态流体蒸发吸热，蒸汽沿管进入冷却段，蒸汽在芯材内凝结，放出热量。凝结的液体在芯材内借助于毛细作用力流入加热段，完成循环。如此继续循环，不断将热量自吸热蒸发段传到放热冷凝段。

由于热管是依靠流质相变传热的，因而其热传输率极高，一根热管的传热量约为相同直径实心铜管的300倍。热管具有不耗费能源、结构简单可靠、可在失重条件下应用的优点，这些特点对航天器的热控制器件十分重要。热管在航天器内用途很多：可使发热量高的电子器件散出热量，使其不致过热；把热端的热量导向冷端，减少部件、仪

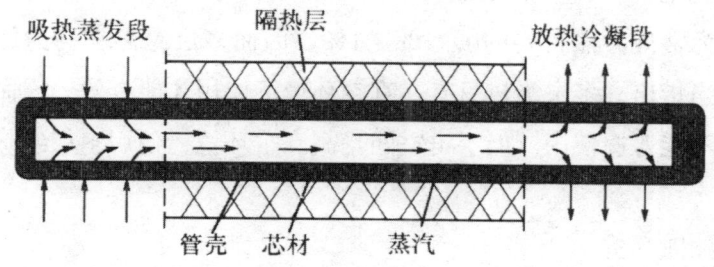

图23 热管原理示意图

器之间的温度差；可以使要求温度差小的部件做到温度均匀化；可将多余的热量传给发热量小的仪器设备，使其不致于过冷。

热管在航天器热控制的应用日益广泛，1976年我国返回式卫星上首次应用了热管。当今，除航天领域外，热管已推广应用于动力、能源、电子、机械等许多产业部门。在青藏铁路的建设中，应用热管原理解决了在高原多年冻土地带中建设铁路的世界性难题。

3. 绝热材料

绝热材料是热控制系统使用最多的热控制材料，合理的布设绝热材料可以防止有害的热量损失，保持必要的温度；可以减少环境热状态变化所产生的影响，维持稳定的温度范围。航天器除使用常规的绝热材料如泡沫塑料、玻璃钢等，还大量使用"多层绝热"。多层绝热系统是由具有高反射率的辐射屏与热导率较小的间隔

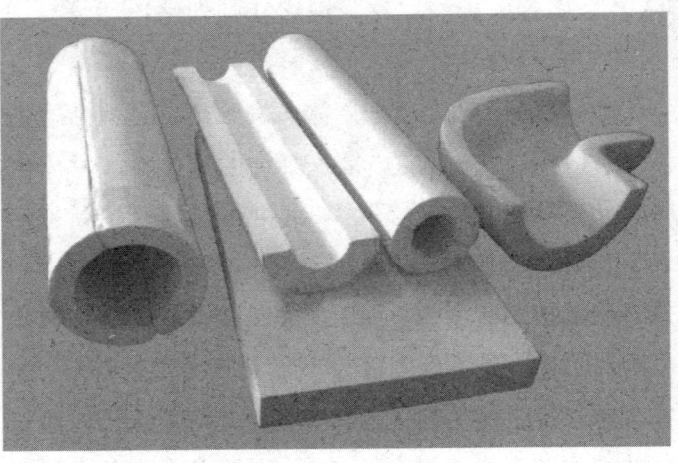

层交替组成的。常用的辐射屏是镀铝涤纶薄膜，常用的间隔层有纤维纸、尼龙丝网等。多层绝热材料的热导率约为$(5\sim10)\times10^{-5}$ W/(m·K)，仅为常规导热材料的0.1%～1%，因而多层绝热亦称为超级绝热。应当指出，多层绝热只有在真空环境下使用才能有效，因而在地面环境不能普遍使用。但宇宙空间是高真空环境，使用多层绝热十分有利。

4. 相变装置

物质在熔化过程中要吸收热量，而在凝固过程中将放出热量。相

变装置的铝容器内装有相变材料(如石蜡等),利用这一原理实现对放热的仪器设备的温度控制。当仪器放热时,相变材料熔化吸收热量,防止仪器过热。降低温度的程度,取决于相变材料的多少。而仪器不

放热时,相变材料凝固时放出热量,防止仪器过冷。

5. 空间辐射器

这是装于航天器外表面的热交换器,它把废热辐射到深空。这些辐射器通常是由一些镜面组成,它们以高效率反射入射的能量,即外表面的吸收系数小,并把内部产生的热量以高辐射系数向外辐射,从而实现热控制。

主动热控制

主动热控制是当外热流或内热源发生变化时,自动调节卫星内部设备温度,并保持在规定范围之内。主动热控制必需耗用能源,且机构复杂,通常只用于热控制精度要求较高的局部范围。主动热控制根据不同的传热方式可分

为辐射式、对流式和传导式三种：

1. 辐射式主动热控制

当卫星内设备温度升高或下降时能自动改变表面组合热辐射率，从而改变散热能力，以保持设备的温度范围，如热控制百叶窗就是这一类热控制装置。

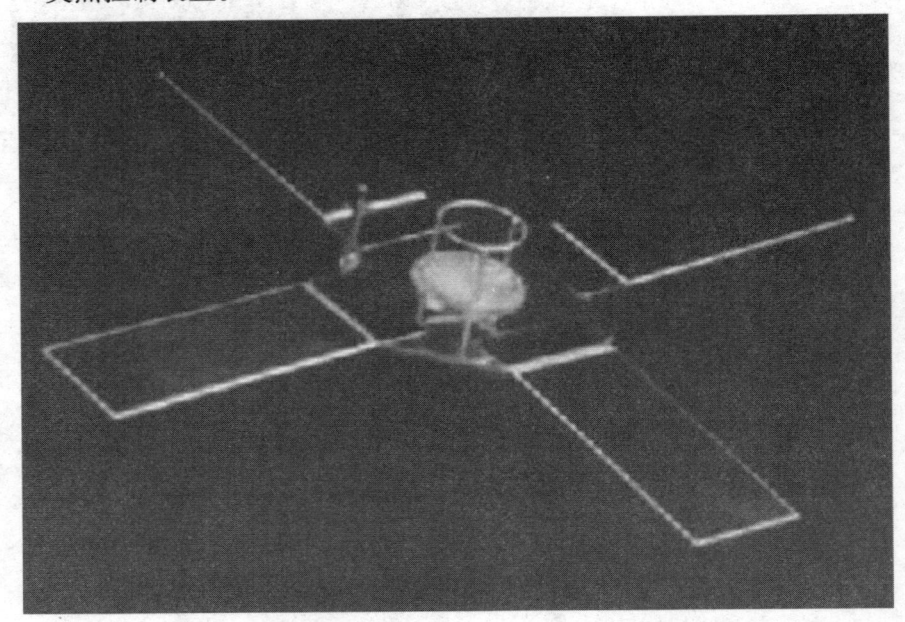

热控制百叶窗的原理如图24所示，百叶窗安装在需要控制温度的设备的外部。当温度升高时，双金属感温片制成的驱动器便会运动，带动叶片向逆时针方向旋转，使具有高热发射率的底板露出面积增大，从而使更多热量辐射到空间；而当温度降低时，驱动器带动叶片向顺时针方向旋转，使低热发射率的叶片表面露出更大面

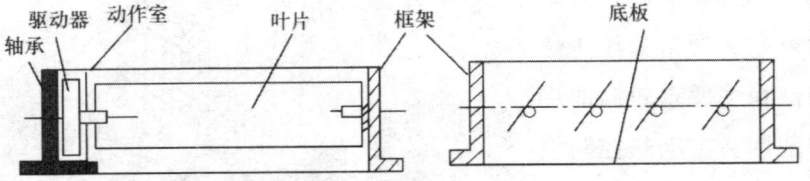

图24 热控制百叶窗原理图

积，从而减少散热。按同样原理还可以制造多种热控制机构，其中热控制旋转盘是使用较多的一种。

2.对流式主动热控制

在具有气体或流体循环的航天器内部改变流体的对流热导率以实现温度调节，这类系统有气体循环和液体循环两种。这种装置用泵或风机驱动传热流体冷却仪器设备，将热量带走，然后通过热辐射器将热量发散到宇宙空间。这种方法的优点是温度控制精度高、散热量大，但装置结构复杂、耗用卫星上能源，多用于载人航天器的密封舱。

3.传导式主动热控制

将航天器内部设备的热量通过传导的方式散至外壳表面排向宇宙空间。热导率可以随设备的温度升降而改变，从而对设备温度起到自动调节作用，如接触导热开关和可变热导的热管。

4.电加热器和恒温器

这也是航天器常用的主动热控制器件。通常由加热器、温度传感

器和控制器组成。当仪器设备温度过低时，它会自动通电加热。这种方法虽能精确控制温度，但要耗用卫星上电源，通常只在必要时才使用。

　　我国卫星热控制技术无论在设计计算、热控制材料、热控制机构和热控制试验各方面均已达到或接近国际先进水平。我国自行研制开发的热控制涂层系列、多层绝热材料、热管、电加热器、热控制百叶窗与旋转盘性能良好，已用于各类卫星，并取得了满意的热控制效果。

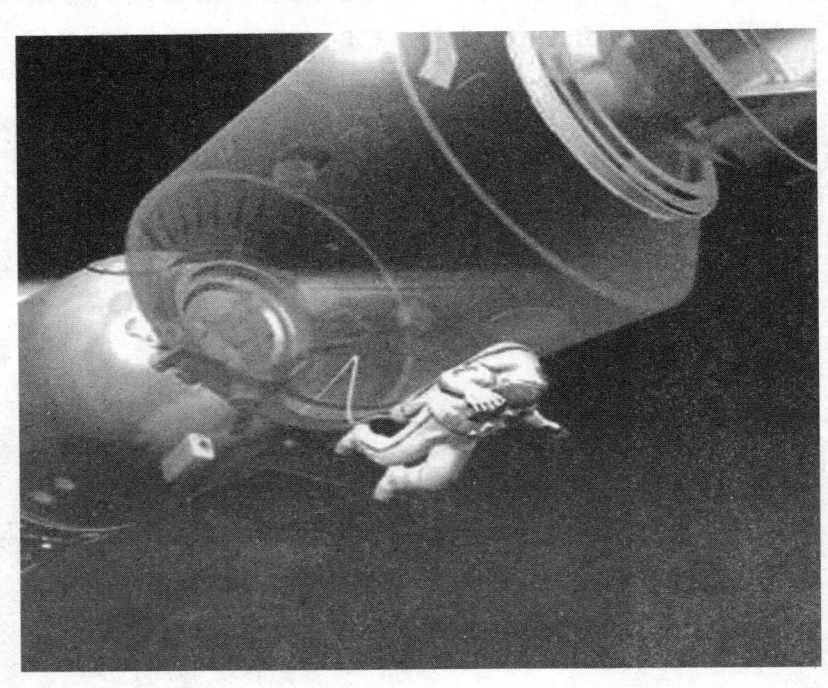

卫星的姿态控制分系统

卫星的控制包括轨道控制与姿态控制分系统两方面。轨道控制主要指变轨控制和轨道维持，即利用卫星上的动力装置，调整卫星轨道要素，使卫星运行轨道的偏差限制在给定范围内。与末级火箭分离后的卫星的轨道控制，主要是由地面航天测控中心和地面测控站(船)，通过遥控卫星上动力装置来完成。

航天任务要求航天器保持某一特定姿态。例如，要求侦察卫星或地球资源卫星的空间相机镜头及通信卫星的定向天线朝向地球；要求天文卫星的太阳望远镜对准太阳。而施加在卫星上的各种干扰力，包括空气动力、微流星撞击、太阳辐射压力、重力梯度力矩、卫星磁力矩及卫星内部机械扰动力，都会影响卫星姿态的稳定。姿态控制系统

的任务是按航天任务要求，保持卫星的姿态在要求的范围内。优良的姿态控制系统应当耗能少、误差小、精度高，且有很高的可靠性和稳定性。卫星的姿态控制可分为被动式和主动式两种类型。

被动姿态控制

被动姿态控制是利用卫星本身的动力特性和环境力矩控制卫星的姿态。常用的被动姿态控制方法有自旋稳定、重力梯度稳定及磁稳定。被动姿态控制系统不需要电源，结构简单可靠，缺点是控制精度较低。

1. 自旋稳定

自旋稳定是最简单的姿态控制方法。一般是用喷气的办法获得喷气力矩，使航天器产生自旋。其原理是，在无外力矩作用时，自旋卫星的动量矩大小与方向均保持不变。这和我们常常见到的高速旋转的陀螺保持其自旋转方向是同一原理。高速旋转的卫星，即使受到外力矩作用，在短时期仍能维持稳定姿态。转速越高、稳定性越强。自旋稳定的卫星，在外力矩作用下，偏离其平衡姿态，往往会绕平衡姿态往复振荡。这种振荡称为"章动"。为使受扰后发生章动的卫星尽快恢复平衡，需要在卫星上设置章动阻尼器来消耗章动能量。自旋稳定的

控制精度可以达到±1°。许多早期发射的卫星都采用这种被动姿态控制方法。我国的第一颗卫星"东方红"1号、第一代静止气象卫星"风云"2号和1984年发射的地球同步试验通信卫星"东方红"2号卫星都是自旋稳定卫星。

具有一个自旋转子和一个消旋(定向)平台组成的航天器称为双自旋航天器。消旋平台用以创造一个稳定地指向要求方向的条件。

2. 重力梯度稳定

当人造卫星绕地球运行时，卫星各部分受到地心不同的引力，同时各部分也具有不同的离心力。引力与离心力的合力就是重力。重力梯度稳定卫星都设有伸展出的重力杆，重力杆各部位存在重力梯度，并产生重力梯度力矩。由于重力梯度力矩的大小与航天器到地心的距离的立方成反比，所以重力梯度稳定方式通常只适用于近地轨道，且要求航天器的一个面指向地心的航天任务。另外，只有当重力梯度力矩大于其他环境干扰力矩时，这种控制方法才能起作用。要想满足这个条件，必须使具有最小转动的主轴指向天底。通常在最小转动惯量主轴方向伸出一根长杆，以此来获得这种取向所要求的转动惯量。

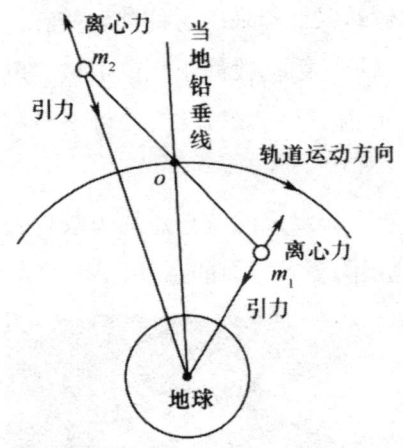

图25 哑铃式卫星的重力梯度稳定原理

为了说明重力梯度稳定的原理,现举一个由m_1、m_2组成的哑铃式卫星(图25)为例加以说明。哑铃两端的质量相等(即$m_1=m_2$),卫星的纵轴在轨道平面内并要求稳定地指向地心。当卫星绕地球轨道运行时,地心对卫星各部分质量虽有不同的引力,但哑铃质心o点处的引力和离心力相等,重力为零。因卫星纵轴指向地心,故不产生绕质心的力矩,卫星不会有绕质心的转动。当哑铃式卫星受干扰出现绕质心的转动,纵轴偏离当地铅垂线时(图25所示的状态),由于m_1离地心较近,所以它所受的引力比离心力大,故此时有重力指向地心;m_2受到的引力比离心力小,所以有重力背向地心。这样,就形成了一个绕o点的恢复力矩(即重力梯度力矩),使卫星的纵轴自行恢复指向地心的状态,从而保持卫星的姿态稳定。

与自旋稳定相似,在重力梯度稳定系统受扰偏离稳定平衡位置时,也会发生类似章动的振荡,这种振荡称为"天平动"。重力梯度稳定系统都有天平动阻尼器,用来阻尼振荡。重力梯度稳定特别适合用于圆轨道或偏心率较小的轨道,早期导航卫星多采用这种姿态控制方式。重力梯度稳定有不耗费能源、结构简单、可长期运行的优点,但其控制精度不高,一般为1°～5°。美国卫星"测地卫星"1号就是实用型的采用重力梯度稳定。

3. 磁稳定

地球的周围存在着地磁场,任何磁铁或线圈在地磁场内作切割磁力线运动时都会产生磁力矩。在卫星上安装永久磁铁或线圈,卫星运动时便产生磁力矩。利用这磁力矩可使卫星姿态在轨道上沿地磁场方向保持稳定,这叫作磁稳定。其稳定精度为1°～3°。磁力矩还可用作其他控制力矩,如用来克服太阳光辐射压力对卫星太阳能电池阵的干扰。被动磁稳定曾在早期卫星控制系统中使用,目前已很少单独采用。

主动姿态控制

卫星的主动姿态控制系统由姿态敏感器、控制器和执行机构三部分组成。姿态敏感器获取卫星的姿态信息,将其提供给控制器,经处理、变换和放大后由执行机构产生控制力矩,实现卫星的姿态控制。

1. 姿态敏感器

姿态敏感器分为光学敏感器、惯性敏感器、磁敏感器和射频敏感器四类。光学敏感器以天体(太阳、地球、月球或其他星球)光辐射(包括红外辐射)为姿态参考源,以此获取卫星的姿态信息。其中,太阳敏感器被普遍应用,这是因为太阳辐射强度大,并可近似视为点光源。这使得太阳敏感器结构简单、电能功耗小、工作可靠。红外地平仪也是使用较多的光学敏感器,它对地球和宇宙空间进行扫描,由地球红外热辐射确定航天器相对地平线的位置。惯性敏感器使用最多的是陀螺仪,由于惯性原理,高速旋转的陀螺转子总是力图保持其旋转轴方向稳定不变,称为定轴性,利用这一点可测出飞行器角位置,这种陀螺仪称为位置陀螺。当陀螺转子受到外力矩作用时,转子轴将以最短

途径倒向外力矩方向，这称为进动性，利用这一点可测出飞行器转动的角速率，这种陀螺仪称为速率陀螺。磁敏感器具有高磁导率材料制成铁芯的线圈，可以测出三个方向的地球磁场强度。这种敏感器耗电少、质量小、可靠性高，适用于轨道高度低于1000km的卫星。射频敏感器使用还不多，它通过测量地面站发出的信标射频信号确定飞行器姿态。

2. 控制器

控制器有模拟式电路和数字式电路两种。目前，卫星上的控制器越来越多地采用星载计算机，即采用数字式电路。

3. 执行机构

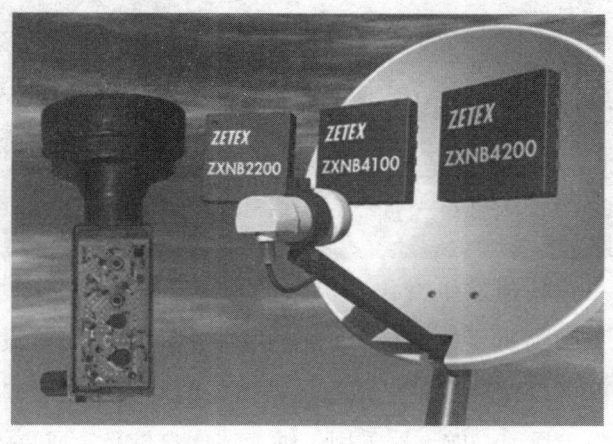

执行机构有喷气执行机构和反作用飞轮两类。喷气执行机构在卫星某些部位装有气体喷管(又称为姿态控制火箭式微调火箭)，向外喷射出由推进剂产生的高速气体，产生推力和控制力矩。与运载火箭不同，姿态控制火箭脉冲式间歇工作，推力小，可在真空失重的空间环境下多次启动工作。推进剂可采用高压氮气、单组元推进剂和双组元推进剂。高压氮气系统属于冷气推力器，虽具有简单、可靠、经济等优点，但比冲很低。催化式或电热式肼单组元推进系统利用催化或电热方法使肼分解，产生热蒸汽，向外喷射。双组元推进剂系统可以产生更大推力，它也是一种热气系统。热气系统的比冲比冷气系统要高几倍，但结构较为复杂。反作用飞轮利用物体动量矩守恒原理维持飞行器的姿态稳定。它是一个具有一定转动惯量的旋转轮，当卫星偏离某一位置时，控制器使

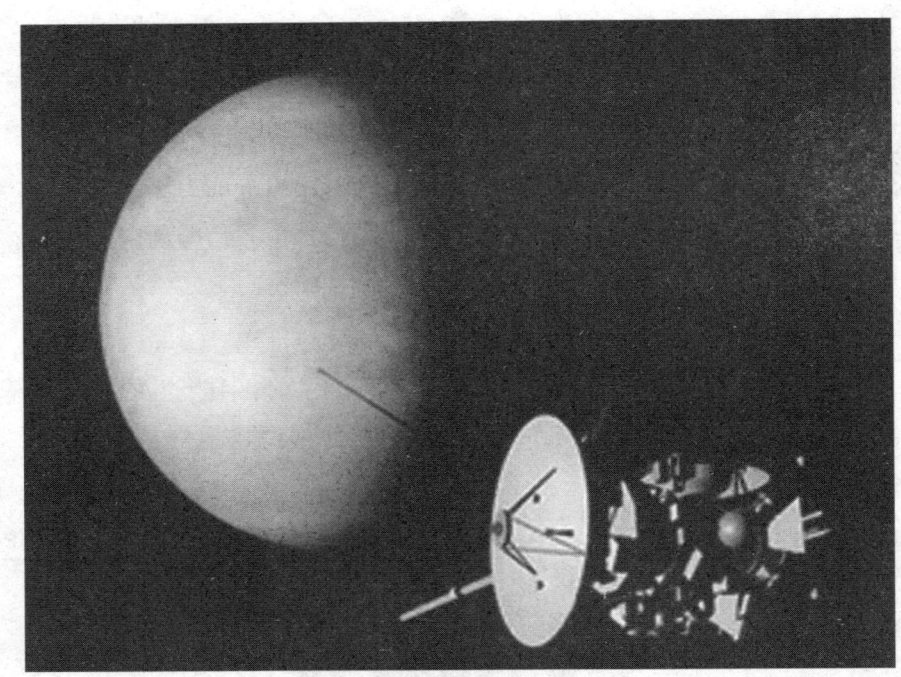

飞轮转速发生变化，根据动量矩守恒原理，卫星便在恢复力矩作用下回到所要求的位置。在卫星3个轴的方向各设置一个反作用飞轮，就可以保持卫星三轴稳定。飞轮的动力来自卫星的电源。

目前，航天器采用三轴稳定比自旋稳定或重力梯度稳定更为普遍。三轴稳定控制方式易于机动、稳定，而且控制精度高，可达到0.001°～1°(取决于所用的敏感器和执行机构)，但也更复杂，成本较高，可靠性也差些。我国"风云"1号气象卫星和"东方红"3号通信卫星平台等均采用三轴稳定方式，实现了小于±0.5°的稳定精度。第二代静止气象卫星"风云"4号也将采用三轴姿态稳定。三轴稳定较之自旋稳定有许多优点，诸如可使对地观测时间利用率从5%提高到接近80%；可使探测器可见光通道和红外通道灵敏度大为提高；成像探测与垂直探测可同时进行，观测时间缩短；观测区域灵活可控，观测频次增加等。

卫星的测控分系统

卫星的测控分系统是遥测、遥控和跟踪测轨三个系统的总称。这个分系统为天地之间建立一座桥梁，同时也是天上卫星与卫星之间信息交换的桥梁。要完成这些任务，必须由地面和星上设备共同完成。

遥测系统

在宇宙空间运行的航天器必需把许多自身的信息通过无线电波传输到地面或数据中继卫星。这些信息可分为两类：一类是航天器各部分的工作情况，如各种仪器的电压和电流、各部位的温度、密封舱和高压气瓶的压力等。地面测控站接收(或由数据中继卫星转发)这些信息，判断航天器工作是否正常，必要时可以采取补救措施。另一类信息是由有效载荷产生的，如气象卫星收集的气象资料、科学卫星探测到的科学数据。遥测系统的任务是将被测对象提供的各种物理量，通过信号变换器变为可远距离传送的无线电波，由天线向地面(或数据中继卫星)发射。地面

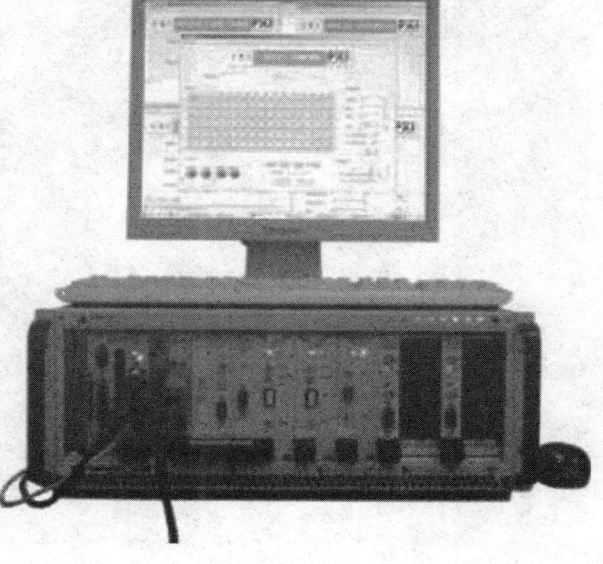

测控站接收这些无线电波,经载波解调、分路处理后,送入计算机处理贮存(图26)。

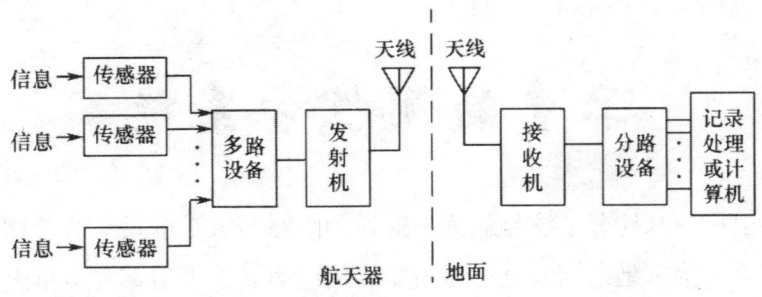

图26 遥测系统原理图

由于需要遥测参数很多,需经综合处理,由一台发射机发向地面。这种方法称为多路传输。多路传输分为时分制与频分制两种制式。时分制是利用一个遥测信道(即一个载波),按时间顺序依次传送各种信息,如第一段时间发送电压参数,第二段时间发送温度参数等。频分制是以不同频率的电波传输不同信息,以此实现多路传输。

在测量各种参数的同时、将遥测信息即时传向地面称为实时遥测。测量各种参数后，先将信息贮存，待卫星通过测控站上空再向地面传输，称为延时遥测，也可将信息贮存在回收舱内的记录仪器中，回收后进行分析，如我国返回式卫星就是这种方式。气象卫星则装有延时遥测设备。若用数据中继卫星，则无需延时传送，可实时通过中继卫星转发。

遥控系统

航天器在轨道运行时，地面测控人员常会要求航天器完成某些动作，或向卫星发送各种指令，这些任务需由遥控系统完成。地面要求完成的遥控动作主要有航天器某些分系统或设备的启动

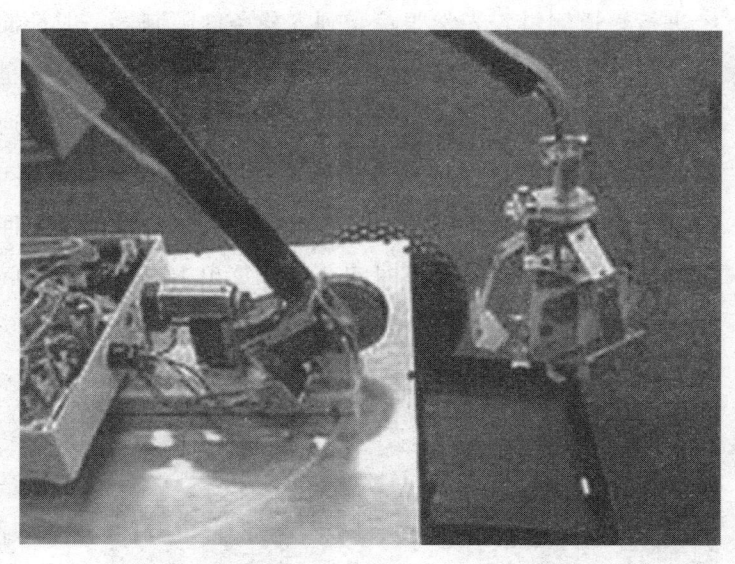

与停止，备份设备的切换使用，调整卫星姿态、轨道与返回的控制指令，以及安全控制指令等。为了卫星的自身安全，遥控系统对可靠性、抗干扰性及保密性要求特别严格。

从信息传输原理来看，遥控与遥测区别并不大。它们在信息传输方向上正好相反。遥控指令信息量很多都要在一个载波信道内传输，所以它也是多路传输，亦可采用时分制或频分制。

为了提高遥控指令的可靠性，规定遥控指令要多次重发，例如，

规定指令码重发5次，只要正确接受解码二三次便可执行。在编码技术上还必须采取某些措施，使遥控指令信息具有良好的抗干扰性和保密性。

要对卫星实施遥控，有一个地面测控网站的复盖率问题，即必须是地面测控网站与卫星处于信道畅通时才能实施。

跟踪测轨系统

地面测控中心需要随时掌握与控制航天器的运行轨道。这一任务由卫星跟踪测轨系统(简称跟踪系统)与地面测控网站共同完成。

跟踪方法有无线电跟踪与光学跟踪，亦可以利用全球定位导航系统进行轨道测量。光学跟踪受到气象条件限制，一般都使用无线电跟踪。通常情况下，需要确保的轨道要素是六个。由于卫星位置随时间变化，因此要将测量值与测量时间都记录下来。当卫星通过地面站上空时，地面站雷达向卫星发出脉冲信号，卫星上的无线电收发信机，又称为应答机，接收脉冲信号，经过放大再向地面发出回答的无线电脉冲信号。根据信号传播时间可以计算出卫星与地面站间的距离。由

于应答机向地面发出的返回脉冲信号较强，所以即使卫星距离地球很远，仍能测量距离。如果没有应答机，地面雷达只接收卫星的反射回波，信号就可能过于微弱。此外，由雷达定向天线接收信号时的指向，得到方位角

和高低角。卫星速度的测定基于多普勒效应，由于卫星相对地面站的速度，地面站收到的电波频率发生了变化，根据频率的变化，就可计算出卫星的速度。

随着空间电子技术的发展，遥测、遥控、跟踪测轨系统，甚至包括通信电视、数据传输等系统越来越向综合系统发展，它们共同使用发射机、接收机和天线等星上设备，可降低星上电子系统的体积、质量和功耗，并减少卫星成本。采用S频段统一测控通信设备即可达到此目标，世界各航天大国普遍使用S频段统一测控通信系统。

卫星的数据管理分系统

卫星的数据管理分系统又称星务管理系统。它是随电子技术、计算机技术的发展和适应空间技术、测控技术不断发展的要求而产生的新系统。这个分系统的建立使航天器上的信息、数据管理更加快捷、可靠、安全。分系统的规模和复杂程度取决于以下几个方面：航天器的大小及复杂程度；航天器的任务及寿命；航天器的遥控或卫星自主程度；航天器的可靠性要求等。对大型的航天器(如载人航天飞船、空间站)本分系统可扩展为航天器上的计算机系统，为航天器的导航、内务管理、故障监视、命令处理、航天器分系统管理、有效载荷管理和信息传输等提供服务，形成一个小型计算机网络系统。为了使数据管理系统更加可靠、安全，普遍采用冗余设计。

数据管理分系统的功能和工作内容

数据管理分系统的功能：①对航天器上的各分系统和有效载荷提供硬件资源、软件业务通信和数据存贮功能。②提供公共的运行环境，使地面操作员能对航天器及其有效载荷进行操作和控制，当对象为载人航天器时，尚要提供人机接口，方便航天员对航天器及有效载荷进行操作及控制。③数据管理分系统功能的发展可逐渐减少地面测控网对航天器运行的干预，因为地面干预过程十分复杂，开销昂贵，有了数据管理分系统后航天器可向自主控制和无人运行发展。

数据管理分系统的工作内容：随时收集航天器各分系统和有效载荷的运行参数及工作状态；接收地面测控中心发来的命令和数据注入；对象为载人航天器时，尚要通过人机接口接收航天员的命令。对这些收到的数据进行处理，建立相应的数据文件。经数据管理分系统的功能处理的数据，向四类有关系统提供输出：一部分参数编辑成一定数据格式后，经通信信道与跟踪分系统输送到地面测控中心；另一部分参数形成文件后，根据事先规定好的飞行任务，反馈回各分系统，进行自主控制，指挥各分系统工作；再一部分参数形成文件后存放入数据库，建立与各分系统对应的数据库，便于地面用户、卫星上分系统或载人航天器上航天员需要时调用；对于载人航天器，还有一部参数形成文件后送到显示控制台，用字符、文字、曲线、表格和图象等方式，提供给航天员做分析、判断、决策参考，有些待显示信息也可由数据库调用。这些信息按类别包括：飞行任务、计划、航天器轨道、姿态和各工程分系统，有效载荷的工作状态等。

数据管理分系统在各阶段的作用

数据管理分系统从航天器发射前的地面测试阶段开始,到在轨运行及返回的各个阶段都发挥重要作用。

(1)地面综合测试阶段 将航天器数据管理系统管辖的遥测数据、各系统自测数据和各种状态参数,通过数据管理系统,传送给地面测试系统,以了解航天器上各系统工作状况,完成地面测试任务。

(2)上升段 在运载火箭上升过程中,数据管理系统发出程控指令,采集遥测数据,提供时间基准,管理、调度各系统之间的数据交换,存储重发数据。

(3)运行段 入轨后通过遥控分系统接收地面发给航天器的指令,并将其译码、处理、分配,也可以根据存储的数据或根据逻辑判断的结果产生指令,进行程序操作和故障处理;提供时间基准;实时地采集航天器上测量仪器、试验仪器的遥测数据,将其格式化,存储并送到遥测分系统,也可以先将数据存储起来,过后根据需要再发送。

(4)返回段 对于有返回任务的航天器,在返回过程中也有发送返回程序指令,故障监控,提供时间基准等任务。

数据管理系统的组成

数据管理系统由硬件和软件两部分组成,其中硬件部分包括:

(1)中央处理单元、远置单元、数据总线、遥控单元、数据存储器、指令／数据加密器(下行)和解密器(上行)及电缆等组成。系统具有多个微处理器,从而构成一个网络化的智能管理系统。它具有采集众多参数和接收、发送众多指令的能力,同时具有整星信息和控制管理、星地校时、分系统间信息交换等能力。为提高系统的安全可靠性,系统均采用冗余设计。我国的"神舟"号载人飞船更是采用三备分,以确保系统的可靠。系统的电子设备,采用空间级的元器件,并采取了软硬件防护以及纠错电路刷新数据等防护措施，以避免空间单粒子翻转效应影响数据传输的可靠性。

(2)与航天员接口的工作站和多用途应用主控台，用于控制、监视、训练、测试、提示显示、告警显示、处理、资源管理，电子邮件和视像图形显示等目的。

(3)数据获取、存储、分发设备，包括：随机访问大容量存储器；文件数据库管理系统；数据合路及分路器等，用于将传感器或执行机构合路进入局部网总线。

(4)时间、频率标准设备：以便向航天器提供时间和频率基准、定时信号和同步信号。

(5)通信用硬设备：用于将处理器、敏感器、执行机构进行连接，为计算机提供标准接口和总线接口适配器。

(6)总线。

软件部分包括：网络通信业务软件，数据存储和提取业务软件，数据获取和分发业务软件，故障容限、余度管理业务软件，组装／测试／验证软件，航天员工作站业务软件，数据管理系统的自身管理软件等。

卫星的电源分系统

卫星的电源分系统的功能是产生、存储、变换、调节和分配卫星上的电能。电源分系统包括一次电源与二次电源。一次电源又分为化学电池、太阳能电池、燃料电池及核电源,它们可将各种形式的能量转化为电能。化学电源还可以作为蓄电池组与太阳能电池阵组成电源系统。二次电源实质是一种换流装置,它可将一次电源输出的电能变换为各分系统所要求的不同形式的电能。

电源系统为卫星上各分系统提供能源,它是卫星正常工作的重要保证条件。现代航天器的电源容量在0.5kW~5kW。随着航天技术的发展,将会提高到10kW~100kW。电源系统的质量占整个卫星质量的15%~30%。在航天事故中,电源系统的故障占近10%。可见,设计与制造出高功率、高可靠性、质量轻的电源系统是多么重要。

一次电源

航天器上的一次电源可分为太阳能电池、化学电池、燃料电池和核电源几种类型。

1. 太阳能电池

大多数功率小于10kW的长寿命卫星都以太阳能电池阵—蓄电池组

系统作为一次电源。美国1958年—1987年间发射的1000余颗卫星，90%均采用此种电源系统。我国发射的卫星除在轨工作时间较短的返回式卫星外，也大多采用这种电源系统。

使用最多的是单晶硅太阳能电池，它具有价格便宜、可靠性高、技术成熟的优点，其光电转换效率已达15%～18%。硅太阳能电池单片的长度和宽度通常为20mm或更大，厚度为0.2mm。砷化镓太阳能光电池是新型空间电源，具有效率高、光谱特性好、寿命长、可靠性高等优点，其光电转换效率已可超过20%。

众多的太阳能电池单片组成太阳能电池阵。体装式太阳能电池阵装在卫星本体表面，结构简单，容易实现，适用于自旋稳定卫星。"国际通信卫星"Ⅳ型是这种太阳能电池阵的代表，其面积比功率为24W/m²～29W/m²，质量比功率为6.6W/kg～7.7W/kg。当今，

愈来愈多的航天器采用展开式太阳能电池阵，以适应航天器用电量迅速增加的需要。它具有更大的容量和效率，其面积比功率可接近100W/m²。

2. 化学电池

作为空间一次电源，化学电池多作为太阳能电池的贮能装置构成能源系统。有时也单独作为空间电源，向工作寿命不长的卫星供电，

银锌电池是其代表。

镉镍电池是第一代空间蓄电池，也是目前使用最多的空间蓄电池。这种电池使用寿命可达5年~10年，能够承受真空、辐射和振动冲击、过载等航天环境，其比能量可达22W·h/kg。镍氢电池是第二代空间蓄电池，其寿命可达10年以上，比能量为镉镍电池的1.5倍~2倍，其缺点是成本较高、氢压力较大、温度控制要求较严格。

银锌电池结构简单，工作可靠，能承受苛刻的力学环境，电压平稳，可大电流放电，并具有较高的比能量，因而被广泛用于工作寿命较短的卫星主电源或各类航天飞行器的辅助电源。锂电池是近年来发展的新型电池，其比能量可达600W·h/kg或1200W·h/L，是银锌电池的几倍。

3．燃料电池

燃料电池与蓄电池不同，燃料(例如氢、氧)在这种化学电源中直接氧化发电。燃料电池单体虽然也由正负电极和电解质组成，但正负极本身不含反应物，而只是催化转换元件。为维持正常运转，燃料供应系统必需持续供应燃料，并由排水系统和排热系统将反应时生成的水及废热排出。排出的水经净化后可供航天员饮用，也可用作冷却剂。废热则由热辐射器发散到太空。氢氧燃料电池已用于飞船与航天飞机，其理论比能量达3600W·h/kg。燃料电池由几十个单体串联组成，每个单位电压为0.8V~0.97V。燃料电池的缺点是系统复杂、维护使用不方便、成本较高、安全性和可靠性较差。

4．核电源

核电源工作寿命

长、性能可靠、可提供较大功率。核电源可在光照条件很差和环境条件苛刻的情况下正常工作。目前核电源已应用于深空探测器和某些军用卫星。未来空间飞行器使用电火箭作为主推进器或辅助推进器，也必须使用核电源作为能源。航天核电源有放射性同位素温差发电器、核反应堆温差发电器和热离子发电器三种。一般均由热源、换能器(热电转换器)和散热器三部分组成。同位素温差发电器以放射性同位素钚238或它的氧化物为热源，总热电转换效率为4.2%～6.6%，质量比功率为1.3W/kg～4.2W/kg。这种核电源系统简单、可靠、热源工作期长，且不需厚的屏蔽层，缺点是功率和质量比功率较低。核反应堆温差发电器以铀235为热源，有良好的可靠性和稳定性，热电转换效率为3.7%～6.7%。热离子发电器将铀235衰变产生的热量传到热离子二极管的发射极，使之加热产生热离子，这些热离子通过电极间的铯蒸气传至收集极而得到电能。其热电转换效率可达10%～15%，但由于工作温度高、腐蚀性强，导致可靠性低。

二次电源

航天器上的仪器设备要求使用高精度、高稳定度、不同电压的直流电或交流电。一次电源不能满足这种技术要求，因此在一次电源与用电器之间必需有二次电源。二次电源包括直流稳压器、交流换流器和脉冲源。直流稳压器输出不同电压的直流电。交流换流器将一次电源的直流电变换为一定频率和电压的交流电。脉冲源提供各种波形电脉冲。随着电子技术的发展，二次电源已不再使用电动器件，而以电子线路实现电流转换，减小了体积和质量，使效率和可靠性大为提高。先进的二次电源已可获得80%～90%的转换效率。

气象卫星

卫星气象观测

气象与人类的生产、生活密切相关，它对人类造成的灾害是所有自然灾害中最频繁和最大的灾害。在没有气象卫星之前，要掌握和预报天气的变化，主要是靠气球、无线电探测仪器和气象火箭，以及分布在全球各地众多的气象站进行人工气象观测，测出当地的风速、风向、气温、气压、降雨量、日照和温度，每天测量数次，并把测量数据传输到气象部门分析，做出预报。用这些方式有很大的局限性，因而影响了气象预报的及时性和准确性。例如，气球只能探测低空的气象状况，气象火箭只能得到一个地区短时间的气象资料，它们还受到人迹未到的地方的气象很难进行探测的限制。所以，用这些方式获取的数据量有限，数据的集中很困难。此外，气象又是一种全球性的自然现象，单靠一个国家或局部地区的气象观测数据不可能做出准确预报。

利用卫星的高远位置来代替地面台站进行气象观测可以弥补上述的不足。卫星上携带各种气象遥感器，能够接收和测量地球及其大气层的可见

光、红外与微波辐射，从外层空间对地球及其大气层进行气象观测，并将它们转换成电信号传送到地面。地面台站将电信号复原绘制成各种云层、地表和洋面图片，再经进一步的处理

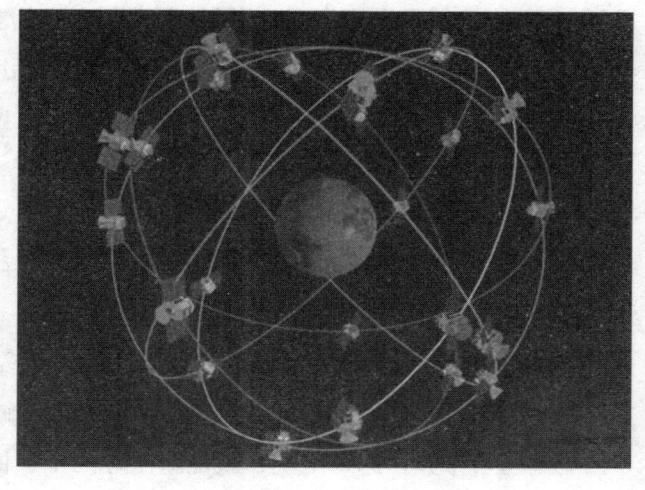

和计算，即可得到各种气象资料。所以，卫星气象观测具有以下明显的优越性：

(1)观测的地域广。一颗地球同步轨道气象卫星可覆盖全球面积的20%～25%，获得地球上近$1\times10^8 km^2$范围内的气象资料，可观测到台风系统的全貌和形成的全过程。一颗极地太阳同步气象卫星每12h就运行地球一圈，能对全球大气观测一遍。一条轨道在地面的扫描带宽达2800km，所收集的气象资料比全球上万个气象台站一昼夜收集的资料还多100倍。

(2)观测次数多、时效快。同步气象卫星每20min即可获得一次观测资料，这对监视灾害性天气很有利。太阳同步轨道气象卫星在经过地面台站上空10多分钟内，可获得$1\times10^7 km^2$左右地区的资料，观测数据被迅速汇集传输到地面。

(3)不受所观测地区环境的限制。卫星气象观测能覆盖海洋、沙漠等人烟稀少的地区，填补这些地区的气象资料的空白，且不受国界限制。

有了这些卫星气象观测的优越性，大大提高了气象预报的准确率。尤其是对台风、寒潮之类的灾害性天气预报，更有独特的作用。卫星

气象观测技术就是利用卫星上的遥感仪器探测地球大气气象要素和天气现象的技术,是航天技术与遥感技术相结合应用于气象探测的结果。

气象卫星的分类

气象卫星按其轨道分为两类:地球静止轨道气象卫星(简称静止气象卫星)和太阳同步轨道气象卫星(也称极轨气象卫星)。

1. 静止气象卫星

在静止轨道上设置气象卫星,可以连续、重复、不断地对其有效覆盖的近五分之一的中、低纬度地区地球表面实施实时观测。用4颗~5颗卫星均匀布置在赤道上空,就能对全球的中、低纬度地区天气系统的形成和发展连续监测。卫星一般每20min~30min可获得一次观测资料,还可用更短的时间间隔(5min~15min)取得较小范围的观测资料,资料可实时送回地面,这对监视灾害天气特别有利。由于可连续观测,因而对天气预报有很好的时效性,适用于地区性短期预报。卫星上装有各种可见光、红外线、微波遥感仪器,可以探测地球表面的陆地、海洋的大气;可以探测地表温度、海水颜色、洋面温度、云层分布、大气含水量等,为天气预报、大气灾害和洪涝灾害预报提供依据。

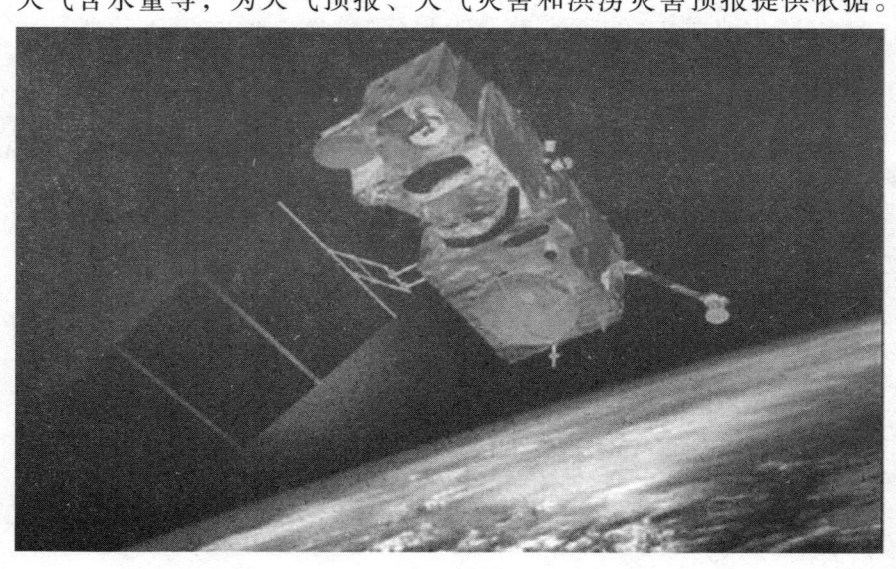

还可以对农作物生产、沙尘暴、大雾天气、草原和森林火情实施监测。它的缺点是对高纬度地区(纬度大于55°)的气象观测能力差，观测所得到的图像，其几何失真度大。

2. 极轨气象卫星

极轨气象卫星每天对全球表面巡视两遍，对同一地区每天进行两次观测，间隔在12h左右。卫星绕着南、北极运行，卫星每绕地球一圈，地球全纬度都能观测到。只要轨道选择得好，一天可以十多圈地扫描全球许多地区，从而获得全球气象资料，可提供中长期数值天气预报所需的数据资料。由于其轨道高度低，可实现的观测项目比静止气象卫星丰富得多，探测精度和空间分辨力也高于静止气象卫星。此外，它能装载的有效载荷较多，可进行全球性海洋观察和农作物估产观测等。但它对同一地区不能连续观测，所以观测不到风速和变化快、生存时间短、有灾害的小尺度天气现象。

这两类气象卫星各有千秋，在功能上各有分工，相互补充。两者结合能构成全球气象卫星系统。对地区性气象业务仍以静止轨道气象卫星为主。气象卫星通常是军民共用的，为了适应军事活动的特殊需要，也有专门的军事气象卫星。

气象卫星的组成

气象卫星由气象观测专用系统和保障系统两部分组成。气象观测专用系统中的主要设备是气象遥感仪器。目前用的主要遥感仪器有成

像仪和垂直探测器两类。每个仪器的光谱段都经过精心选择，有特定用途，称为通道。成像仪选用的遥感光谱段都在大气窗区，用于透过大气层观测下面的云和地表状况。垂直探测仪选用的光谱频段则位于大气吸收带及其边缘，它利用大气在这些频段对光谱的吸收和放射与大气中某些组成成分的含量与温度有关这种性质，通过对这些光谱频段的观测反推大气微量组成成分的含量及大气温度的垂直分布。

气象卫星常用的遥感仪器有：多通道高分辨力扫描辐射计，它可获得可见光与红外云图。极轨气象卫星的可见光与红外云图的星下点分辨力在1km左右，静止气象卫星的可见光云图的星下点分辨力为0.9km～2.5km，红外云图的星下点分辨力为5km～12km；高分辨力红外分光计，它可获得大气垂直温度和水汽分布；微波辐射计配合高分辨力红外分光计工作，可获得云层以下的大气垂直温度分布和云中的含水量。

由卫星原始辐射观测值可加工出多种信息：气象卫星图像产品，如可见光图像、红外图像、微波图像和水汽分布图像，加工后得到增强云图、伪彩色图像和多光谱彩色合成图像；大气参数、对原始信息的加工处理，可得到0.01kPa～100kPa的大气温度垂直分布和对流层内大气湿度的垂直分布等参数；地表特征参数，对成像仪光谱通道的加工，可得到海洋表面温度、陆地表面温度、冰雹覆盖范围等参数。

气象卫星资料大体分两类：一类是卫星图像资料(如云图和冰雪覆盖图)；另一类是定量探测资料(如温度、湿度、风、辐射及臭氧含量等)。

卫星云图能直观显示地球上方云系的分布和天气系统的特点，利用卫星云图可以确定锋面、气旋、台风、热带风暴的位置和强度，追踪其移动路径和方向。尤其是静止气象卫星所获得的高分辨力云图，对监视中小尺度天气系统(如暴雨、雷暴等)的发生和发展及移动起重要作用。卫星获得的大气温度等定量资料，在很大程度上弥补了常规气象观测的不足，对改进数值天气预报和研究大气环流很有帮助。气象卫星探测的辐射资料，能用于研究地球一大气系统的辐射平衡和全球气候变化规律。

气象卫星的观测专用系统还包括数据贮存装置和数据传输设备。其传输的数据包括有：向地面数据处理中心传输的气象遥感仪器获得的原始数据；气象遥感仪器获得的数据经卫星上初步处理后，实时向地面发送云图等气象资料；气象遥感仪器获得的数据传到地面作各种处理后，再通过气象卫星向各地广播云图等气象资料；收集地面气象站、海洋自动浮标和无人值守地区的自动气象站发送的温度、压力、湿度等环境资料。

为保证云图的质量，极轨气象卫星轨道应选用圆轨

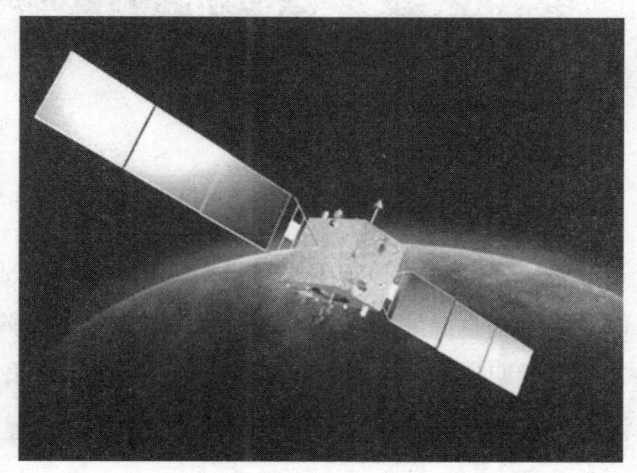

道、偏心率要求小于千分之一；静止气象卫星位置保持的精度，要求东西方向小于0.5°，南北方向小于1°。

气象卫星要求具有很高的姿态稳定性。极轨气象卫星要求姿态的变化率每秒小于千分之几度；静止气象卫星要求姿态的变化率小于0.0002°/s。气象卫星对姿态的控制精度要求一般为±(0.5°~1°)。

各国气象卫星发展状况

1. 美国的气象卫星

美国气象卫星的发展经历了试验和应用两个阶段。1960年美国发射了"泰罗斯"1号极轨试验型气象卫星，首次从外层空间进行气象观测试验。先后发展了"艾萨"、"艾托斯／诺阿"和"泰罗斯—N／诺阿"(简称"诺阿")(图27)三代极轨气象业务应用卫星。美国第一代极轨气象卫星于20世纪60年代中期升空，实现了太阳同步轨道自动图像传输，卫星拍摄了云层分布，测量了温度廓线，在判别和追踪锋面、台风和强风暴等天气系统方面获得了很大进展。

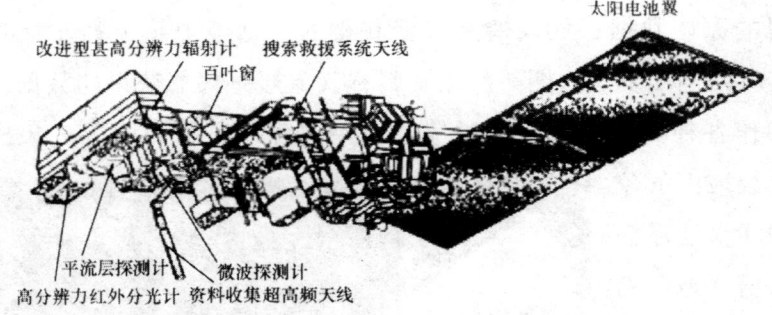

图27 美国第三代"泰罗斯N／诺阿"极轨气象卫星

第二代卫星是于70年代初投入使用，实现了高分辨力云图传送，测量大气垂直温度和水汽含量，开始了定量测量阶段。第三代卫星于70年代后期问世，卫星上增多了大气窗区通道，采用多通道分光技术，装有先进的甚高分辨力扫描辐射仪和垂直探测仪，从而改进了云图质量，提高了大气温度廓线、地表温度的测量精度，增加了大气臭氧含量的探测，促进了定量探测的发展，为灾害性天气监测与报警、数值天气预报和大气科研提供了广泛的资料。

从"诺阿"12号开始，美国极轨气象卫星采用新的轨道平台。在保证现有资料连续性的前提下，改进现有仪器并增加新的传感器，并为向极轨平台过渡作好准备。1998年升空的"诺阿"15号是第一颗新一代极轨气象卫星。其主要的改进是卫星上增加一种先进微波探测器，用于预测飓风的强度和方向，并提供陆地和海洋的瞬时降雨率数据。90年代后期，"诺阿"卫星上装载海洋水色仪和一些主动微波探测仪器。2000年～2010年间，美国将发射性能全新的"诺阿"极轨气象卫星，这些卫星上载有在极轨平台上试验成熟的仪器，如合成孔径雷达，向用户播发的资料有高分辨力图像和低分辨力图像。

1974年5月，美国发射了第一颗静止气象卫星，随后日本和欧洲空间局也发射了各自的静止气象卫星。美国在静止气象卫星方面经历了气象试验卫星、第一代及第二代业务应用卫星三个发展阶段。用它们实现了对低、中纬度地区进行连续、实时、大面积观测。卫星用可见光和红外自旋扫描辐射计拍摄云图和水汽分布图变化、大气中小尺度的水汽图、海面温度分布，以及大面积范围内的大气垂直温度廓线，这是卫星气象探测技术的又一发展。

美国第三代静止气象卫星"戈斯"系列的第一颗星，于1994年4月13日升空。它与前几颗卫星相比，最大的特点是改用三轴稳定方式，且大气探测器和成像仪可同时进行探测。通过

这些改进，可获得连续和更为精确的观测资料。

2. 俄罗斯的气象卫星

苏联在1966年发射了"宇宙"122号卫星，开始进行气象探测试验。后来，发展了两代实用的极轨气象卫星，即"流星"Ⅰ型系列(图28)和"流星"Ⅱ型系列卫星。苏联的极轨气象卫星与美国有许多类似之处，如有星载扫描辐射计、垂直温度探测仪等。但也有独到之处，如装载8μm～12μm红外电视摄像机、多光谱探测仪，兼有资源卫星作用。还研制了水平很高的辐射计和合成孔径雷达等微波遥感器。从1994年起，俄罗斯开始发射三轴稳定的同步气象卫星(GOMS)。它的成像仪有三个通道，w可见光通道分辨力为1.25km。俄罗斯的业务极轨气象卫星"流星"Ⅱ型和"流星"Ⅲ型系列卫星只播发自动图像传输(APT)资料，但1995年以后发射的"流星"ⅢM型卫星播

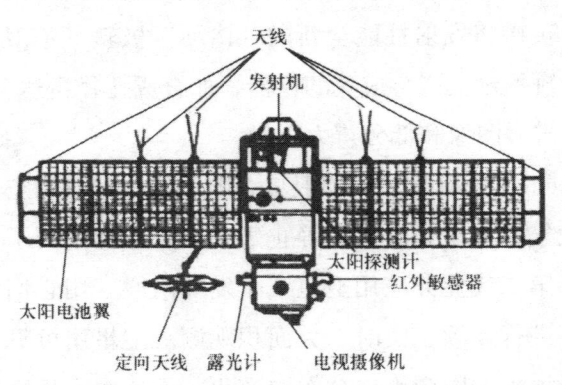

图28 苏联"流星"Ⅰ型极轨气象卫星

发高分辨力图像传输(HRPT)资料。

3. 欧洲空间局的气象卫星

欧洲空间局引进美国静止气象卫星技术，研制出"梅多萨特"卫星，并于1977年开始发射。其外形和载荷与美国的相似，但也有改进之处，如扫描辐射计中增设了水汽通道。1998年发射第二代静止气象卫星(MSG)，其性能大为改进，如采用三轴稳定，增加大气探测能力，提高分辨力。

2000年，欧洲空间局发射"梅拓普"极轨卫星，将一直延续到2010年。"梅拓普"1号卫星的主要仪器与美国"诺阿"12、13、14号

卫星相同，而其后发射的"梅拓普"2号卫星的主要仪器与"诺阿"15、16、17号卫星的相同，还增加了一些其他仪器，这些仪器在研究气候变化方面将起到重要作用。

西欧国家国土不大而国家多，需要的是短期的和本地区的天气预报，所以采取各成员国共同投资，气象资料共享，首先重点搞静止气象卫星的发展道路。2000年以前，所需极轨卫星资料靠国际合作途径获得。

4．日本的气象卫星

日本于1977年发射了首颗静止气象卫星"向日葵"1号（GMS-1），目前在轨运行的仍是"向日葵"系列卫星。其扫描辐射仪通道为 $0.55\mu \sim 0.9\mu m$、$6.5\mu m \sim 7.0\mu m$、$10.5\mu m \sim 11$、$5\mu m 11.5\mu m \sim 12.5\mu m$，并增加了搜索和救援系统。该卫星除增加水汽通道和红外通道并分成两个以外，对图像生成还做了些改进。它仍采用自旋稳定，与美国"戈斯"7号卫星任务相同。

5．我国的气象卫星

我国先后发射了4颗采用太阳同步轨道的"风云"1号气象卫星。它们分别于1988年9月7日、1990年9月2日、1999年5月10日、2002年5月15日在太原卫星发射中心成功升空(其中前两颗A星和B星分别工作一段时间后，因星上仪器故障已停止工作)。1999年5月10日发射的"风云"1号C星，经过两个月的试运行和在轨测试后，证明卫星入轨准确、姿态稳定、图像清晰、工作正常，达到设计要求。8月正式将卫星交付给气象部门使用，承担起天气预报的业务运行任务。2000年被

图29 我国"风云"1号极轨气象卫星模拟图

世界气象组织列入世界业务气象卫星序列。2002年5月15日发射的"风云"1号D星是接替已到工作寿命的C星。第二代太阳同步轨道气象卫星"风云"3号也正在研制中。图29为我国"风云"1号极轨气象卫星模拟图。

　　1997年6月10日、2000年6月25日我国先后成功发射了两颗试验性的"风云"2号静止气象卫星（A星和B星），获得了与日本GMS卫星相当的气象资料。作了重大改进的第三颗"风云"2号C星，也是中国第一颗业务型的静止气象卫星。于2004年10月19日在西昌卫星发射中心发射成功，定位于东经105°。该卫星最大的改进是由三个光谱通道变为五个，即增加二个红外线通道。不仅能加强对海面温度变化的观测，而且其中一个测量光波范围3.5μm~4μm的通道还能对高温热源进行观测，以便能及时发现森林大火，并及时了解火灾的发展情况和走势。"风云"2号卫星的气象资料向全球需要者提供。更先进的新一代静止气象卫星"风云"4号也正在研制中。这样，我国成为世界上少数几个既能发射静止气象卫星，又能发射太阳同步气象卫星的国家之一。图30为"风云"2号卫星。

此外，世界气象组织（WMO）的世界气象监视系统由5颗静止气象卫星组成，俄罗斯的卫星定点在东经76°，美国的两颗卫星分别定点在西经75°和135°，欧洲的气象卫星定点在西经0°，日本的气象卫星定点在东经140°。

气象卫星地面系统

气象卫星地面系统用于测量、控制气象卫星并接收和处理其气象信息。它由以下几部分组成。

1. 数据接收与测控站

主要包括接收系统、测控系统和通信系统。气象卫星地面系统有多个数据接收和测控站。接收系统主要接收气象卫星遥感器测得的信息，经由卫星转发的数据收集平台的遥测数据，以及卫星本身的遥测数据，然后经通信系统将这些信

图30 "风云"2号卫星

息送往数据处理中心。它还将卫星控制中心送来的遥控指令发送给气象卫星。此外，静止气象卫星的数据接收与测控站还要把数据处理中心发来的云图、天气传真图等转发给气象卫星，根据卫星控制中心的指令对卫星进行跟踪测量并将测得的数据送到数据处理中心。

2. 数据处理中心

该中心由计算机、外围设备和相应软件组成，对数据接收与测控站送来的信息进行记录、处理，提取各种有用信息，制出各种天气图，把各种观测数据变成定量的气象数据，分发给天气预报部门和其他用

户。此外，该中心还对整个气象卫星系统进行监视和指挥调度。

3．数据收集系统

数据收集系统包括设在陆地、海洋和航空器上的大量自动环境数据收集站，即数据收集平台。配置不同的传感器可收集不同的环境数据，经采样、编码、调制和放大后通过天线发给气象卫星。每个气象卫星可收集上万个收集站的数据。经气象卫星转发，数据接收站接收，送给数据处理中心，经加工处理后分送给有关用户。

4．数据利用站

接收气象卫星实时发送的各种云图，供有关地区使用。常用的有：

自动图像传送云图站，用以接收极轨卫星发送的实时低分辨力模拟云图；高分辨力图像传送云图站，用以接收极轨气象卫星发送的高分辨力数字化云图；小型数据站，用以接收静止气象卫星发送的低分辨力模拟云图；中型数据站，用以接收静止气象卫星发送的高分辨力数字化云图或模拟传真图。

我国除在北京设有气象卫星地面站和数据处理中心外，还在广州、乌鲁木齐设有气象卫星地面站，构成完整的地面系统，使我国卫星气象预报工作进入世界先进行列。

地球资源卫星

用卫星探测地球资源的优越性

随着人类生产的飞速发展和人口不断增加，人类对各种资源的需求量越来越大。但是，由于受到各种条件的限制，丰富的自然资源至今还沉睡在人迹未到的深山密林、茫茫沙漠和浩瀚大洋之中。用传统的勘探方法和较为先进的航空遥感都远远不能满足对地球资源日益增长的需求。当代最先进的勘测工具要算地球资源卫星了，它能利用其空间的高远位置，方便地观测农作物长势、矿藏资源、人口、森林、渔业、污染、水资源等的分布和对地球上的其他势态进行观测。利用地球资源卫星取得的数据，可绘制特种地图、控制污染、管理自然资源、预测自然灾害和勘探矿藏等，具有范围大、快速、定期和综合观测等优点。

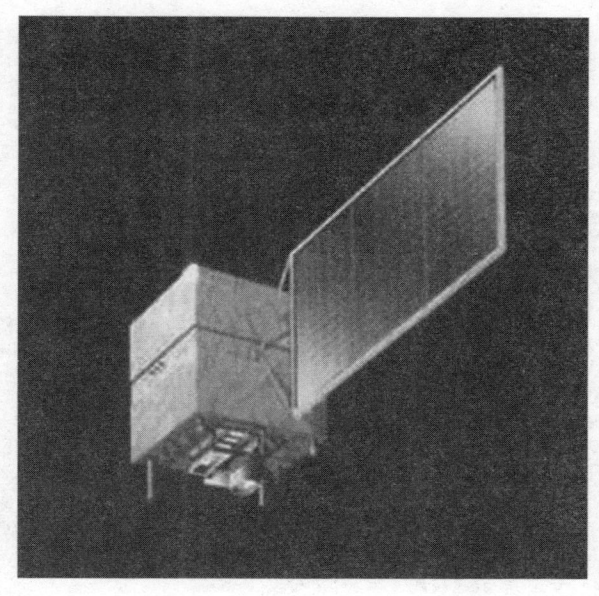

地球资源卫星是集近20多年发展起来的卫星技术、遥感技术和数据传输与处理技术的综合性尖端技术。它的出现，不仅使人类从一个新的高

度——宇宙空间——观测地球上的各种现象及其变化,还把人的视觉从可见光范围扩展到紫外光、红外光及微波辐射区,从而使人类对地球的观察进入了一个新的阶段。

用地球资源卫星能快速普查资源,获取巨大的经济效益。一张卫星照片可覆盖地面34000km^2,把我国领土勘测一遍只需拍摄约500张照片,而用航空测量则需要拍摄500万张。地球资源卫星每18天就能把整个地球测量一遍,这不仅能及时地反映客观现象,还可用来对比分析环境的动态变化,赢得预测预报的时间。地球资源卫星系统由地球资源卫星及其地面系统组成。

地球资源卫星的轨道和姿态控制

为了保证卫星在基本相同的光照条件下获取地面目标的图像和对同一地点作周期性地重复摄影,因此地球资源卫星选用太阳同步轨道兼回归轨道。降交点时间一般选取星下点当地时间上午8时30分到10时30分。轨道高度500km～900km,轨道倾角97°～99°。卫星在运行中因受大气阻力和其他摄动力影响而逐渐偏离设计轨道,因此需要进行轨道维持。

对采用可见光感光胶片观测地球的返回式卫星,其轨道多选择低轨道(180km～300km)、大倾角(70°左右)的近圆轨道,以提高对观测目标的分辨力和观测地球更广大的区域范围。

为了使卫星能对准观测目标,采用对地定向的三轴稳定控制方式。姿态敏感器以红外

地平仪为主，陀螺和星敏感器为辅。姿态控制的精度依要求的图像地面分辨力而定。

地球资源卫星的遥感仪器

资源卫星之所以能够大范围、快速、全面、长期和经济地探测地球资源，主要依靠星上载有先进的遥感仪器。目前，常用的遥感仪器有以下几种，它们常按不同的光谱段划分。

(1)可见光遥感仪　对波长为 $0.4\mu m \sim 0.7\mu m$ 的可见光的遥感一般采用感光胶片(图像遥感)或光电探测器作为感测元件。可见光摄影能把人眼可见的景物详细、直观地再现出来，

具有较高的地面分辨力，但只能在晴朗的白昼使用。

(2)红外遥感仪　它又分为几种：近红外遥感波长为$0.7\mu m \sim 1.5\mu m$，用感光胶片直接感测；中红外遥感波长为$1.5\mu m \sim 5.5\mu m$；远红外遥感波长为$5.5\mu m \sim 1000\mu m$。中、远红外遥感常用于感测物体的红外辐射，具有昼夜工作能力。常用的红外遥感器是光学机械扫描仪，它最大的优点是可在夜间工作，探测物体的红外辐射量，用目标辐射温度和热图像方式显示出来。

(3)多谱段遥感仪　利用几个不同的谱段同时对同一地物(或地区)进行观测，从而获得与各谱段相对应的各种信息。将不同谱段的遥感信息加以组合，可获取被测对象更多的有关信息，有利于判断和识别。

一般的多谱段遥感器有多谱段相机和多光谱扫描仪，常用于资源勘测和环境监测。

(4)紫外遥感仪对波长0.3μm～0.4μm的紫外光的主要遥感方法是紫外摄影。

(5)微波遥感仪 是对波长1mm～1000mm的电磁波(即微波)的遥感。微波遥感具有昼夜工作能力，不受云、雨、雾和光的影响，并且对地表的植物、松散的沙层和冰雪有一定的穿透能力，因而能显示隐伏在冰雪或沙层下面的地貌和构造，探测浅层地下水埋藏深度，是未来的发展重点。雷达是典型的主动微波系统，常采用合成孔径雷达作为微波遥感器。此外，还有微波辐射计和微波散射计等。它们均是通过接收地物发射的微波辐射能量或利用仪器本身发出电磁波照射后，地物反射回来的回波来对物体进行探测和鉴别。

现代遥感技术的发展趋势，是由紫外光谱段逐渐向X射线和γ射线扩展。从单一的电磁波扩展到声波、引力波和地震波多种波的综合。

总之，地球资源卫星的特点：多种工作方式，如分光成像、推扫式扫描、雷达成像等；多种工作环境，如强光和弱光，雷达还可工作在黑夜和云层覆盖区；多视角，可多视角观测，进行立体成像和全球覆盖；多谱段，能提供可见光、红外、微波等多谱段遥感信息；多时相，可多次重复观测，获取动态信息；多高度，200km～1000km，根据需要选择不同的轨道。

未来的地球资源卫星将向长寿命、多用途的方向发展。卫星遥感器除采用较先进的多谱段CCD（电荷耦合器件阵列）锥扫式相机外，将有更多的合成孔径雷达装载于地球资源卫星上，从而提高卫星全天候工作能力。

合成孔径雷达是通过接收地面物体的微波或星上雷达发出的微波束的回波，对物体进行探测和鉴别。它利用雷达与目标间的相对运动，把尺寸较小的真实天线孔径用数据处理方法，合成一个较大的等效天线孔径，从而提高探测性能。

地球资源卫星获取的遥感图像数据信息量较大，卫星上需有专门的宽频带、高速率数据传输设备。常用S频段和X频段，甚至Ku频段作为输出频率。由于卫星不总是处在地面台站接收范围，因此地球资源卫星上都带有数据存储设备，待卫星飞越接收站上空时再将数据发回。

地球资源卫星的发展概况

地球资源卫星是勘测和研究地球资源的卫星。它利用所载多光谱遥感设备获取地物目标辐射和反射的多种频段的电磁波信息，将这些信息发送给地面接收站。地面站根据事先掌握的各类物质的波谱特性，

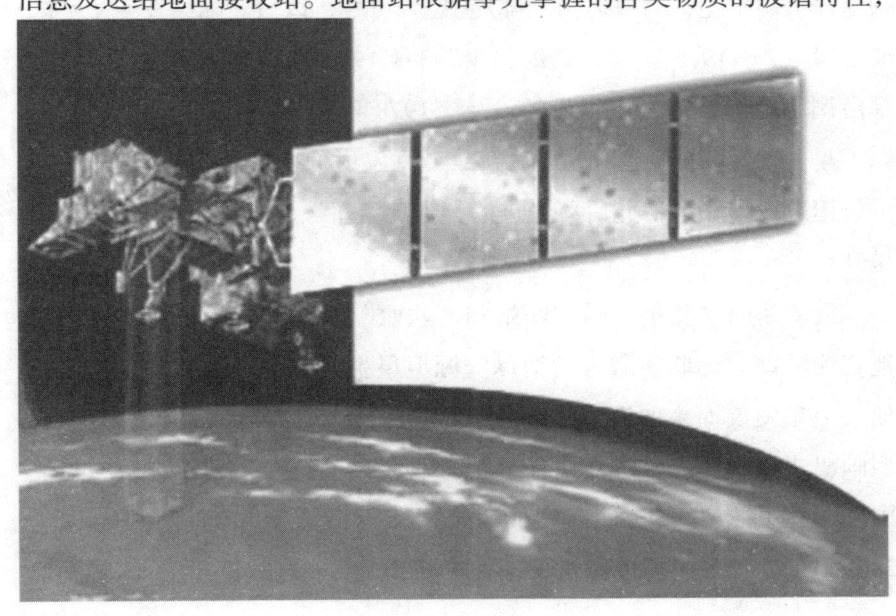

对这些信息处理和判读，从而得到各类资源的特征、分布和状态等资料。根据观测重点的不同，地球资源卫星分为陆地资源卫星和海洋资源卫星。

1958年—1966年，美国的"水星"、"双子星座"和"阿波罗"号载人飞船拍摄了数百张地球表面照片，经过对它们进行分析研究，人们发现从空间进行对地观测有很高的应用价值，同时美国"雨云"系列气象卫星不仅送回了令人振奋的云图，也为资源卫星的发展做了技术上的准备。地球资源卫星就是20世纪60年代在气象卫星的基础上发展而来的。1972年7月23日，美国发射了世界上第一颗地球资源卫星，后改名为"陆地卫星"1号，以后又陆续发射了"陆地卫星"2号(1975年)和"陆地卫星"3号(1978年)，这三颗卫星的星体都沿用了"雨云"气象卫星的设计。1978年美国发射了第一颗海洋资源卫星——"海洋卫星"1号。1982年7月发射的"陆地卫星"4号采用了公用舱设计概念，此后更先进的"陆地卫星"5号和其他型号资源卫星升空。

俄罗斯的"和平"号空间站和"联盟"号载人飞船也从事这类对地观测活动。苏联不载人的地球资源卫星主要有两种：一种是由照相侦察卫星发展而来的返回式资源卫星，工作寿命14天～30天，装上大型画幅式相机后，分辨力达5m；另一种是"流星"系列卫星，它与美国陆地卫星相似，轨道高度600km左右(返回式卫星高度为190km～280km)，装有多谱段摄像机，地面分辨力30m。1987年7月，苏联发射了装有大型S频段合成孔径雷达的地球资源卫星"宇宙"1870号，又称"钻石"系列卫星，从而率先拉开了民用雷达卫星应用的序幕。苏联的地球资源卫星混编在"宇宙"卫星系列中。俄罗斯1995年又发射了两个用于探测地球资源的探测器，对接到"和平号"空间站上。以后，法国、欧洲空间局、日本、印度、南非、加拿大等国家和国家组织也先后发射了地球资源卫星。我国与巴西合作也研制和发射了地球资源卫星。

我国先后发射了低轨道的返回式和太阳同步轨道的两种类型资源卫星。从1975年11月成功地发射第一颗返回式卫星以来，到2003年11月，近30年来我国共成功发射了18颗返回式卫星，是我国发射较多的一种卫星。经过近30年不断改进，已发展成三个型号卫星系列。其中返回式卫星0号(FSW—0)是我国第一代国土普查卫星；返回式卫星1号(FSW—1)是一种测绘卫星；返回式卫星2号(FSW—2)是我国第二代国土普查卫星。各型号卫星历次发射日期见表5。

表5 我国的各型号返回式卫星历次发射日期

序号	型号	发射日期	序号	型号	发射日期
1	FSW-0	1975年11月26日	10	FSW-1	1987年9月9日
2	FSW-0	1976年12月7日	11	FSW-1	1988年8月5日
3	FSW-0	1978年1月26日	12	FSW-1	1990年10月5日
4	FSW-0	1982年9月9日	13	FSW-2	1992年8月9日
5	FSW-0	1983年8月19日	14	FSW-1	1992年10月6日
6	FSW-0	1984年9月12日	15	FSW-1	1993年10月8日[①]
7	FSW-0	1985年10月21日	16	FSW-2	1994年7月3日
8	FSW-0	1986年10月6日	17	FSW-2	1996年10月20日
9	FSW-0	1987年8月5日	18	②	2003年11月3日

①1993年10月8日发射返回式卫星是成功的，但回收失败了；②型号不详

三种型号的返回式卫星的主要任务都是采用胶片型可见光照相机，以求获得高清晰度、高分辨力照片。卫星发射前装有一定数量的胶片。发射入轨后，调整好卫星的姿态，通过星上的程序装置或地面遥控，

使相机对地开机照相或关机，从计划中的摄影区域，获取全球南、北纬70°范围内的地面目标信息。卫星完成全部摄影任务后，回收舱脱离运行轨道，带着摄影胶片返回地面。应用系统将摄影胶片冲洗处理后，获得地面景物照片。

FSW—0和FSW—1主要由仪器舱和回收舱两个舱段组成。仪器舱主要安装照相机及在轨工作仪器。仪器舱有良好的气密性和温控系统，以保证照相机必要的温度、压力工作环境。仪器舱与回收舱用爆炸螺栓连接，分离时通过电控引爆使两舱分离。与此同时，点燃制动火箭，使回收舱减速，进入返回轨道，再入大气层。回收舱外部有烧蚀材料保护层。在再入过程中，由于强烈的气动加热会产生高温(就像天上的流星一样)。外部的烧蚀材料一边烧蚀一边将热量带走，从而保证舱体不会烧毁，并使舱内部有良好的环境温度，FSW—1的回收舱如图31所示。

FSW—2增加一个制动舱。返回时首先由回收控制系统将卫星调整到返回姿态，两舱分离，然后制动火箭点火。返回舱脱离运行轨道，卫星以一定的再入速度飞向地球，在通过稠密大气层前抛掉制动舱和制动火箭。FSW—2与FSW—0、FSW—1一样，当回收舱到达一定高度时打开降落伞，并使无线电信标机开机。地面搜索并接收无线电信号，跟踪目标直到回收舱降落地面，回收人员到达现场，将舱体回收。FSW—2的回收舱如图32所示。

表6 FSW—2返回式卫星的主要参数

主要参数	数值	主要参数	数值
卫星质量 / kg	2800～3100	轨道倾角 / 度	57～70
卫星容积 / m^3	12.8	近地点高度 / km	175～200
返回有效载荷 / kg	400	远地点高度 / km	300～400
轨道运行时间 / 天	15～17	轨道周期 / min	约90

图31 FSW-1的回收舱

图32 FSW-2的回收舱

返回式遥感卫星经过30年的研制应用，取得丰硕成果。FSW-0和FSW-2通过对目标的特征考察，经历了一个技术不断发展，目标分辨力不断提高的过程。FSW-1进行了目标定位和地图测绘。将两方面的成果结合起来应用，对我国都市规划、地质地震调查、石油开采、港口建设、海岸测量、河流污染检测、森林资源调查、考古研究等领域以及绘制准确的我国地形图都发挥了重大作用。

我国返回式卫星在完成遥感主任务的同时，还利用卫星的剩余有效载荷，为国内外进行了大量的搭载科学试验。其中有：空间生命科学实验、农作物种子和微生物空间试验以及CCD图像传输、微重力测量、光盘信息存放、电子信息传输接收、空间辐射剂量测量等项卫星应用技术试验。其成果被应用到国家经济建设、科学研究和国防建设的各个领域，创造了很好的经济效益和社会效益。

此外，近30年返回式卫星的发射和回收，为2003年10月15日"神舟"5号载人飞船的发射和回收积累了丰富的经验，使我国成为继苏联、美国之后第3个掌握回收技术的国家。截至2005年8月25日为止，我国返回式卫星22次发射，其中21次回收成功的记录，为我国突破载人航天技术打下了坚实基础。

在太阳同步轨道的资源卫星方面，继1999年10月14日在太原卫星发射中心成功发射中国与巴西合作研制的"资源"1号01星之后，又于2003年10月21日发射了02星。还分别于2000年9月1日、2002年10月27日和2004年11月6日成功发射了"资源"2号的01、02、03星。"资源"1号和"资源"2号卫星是我国自行研制的传输型遥感卫星，主要用于国土资源勘查、环境监测与保护、城市规划、农作物估产、防灾减灾和空间科学实验等领域。图33为中国、巴西两国合作研制的"资源"1号卫星模拟图。

我国的"海洋"1号A星于2002年5月15日在太原卫星发射中心发射成功，并于9月18日正式在轨交付使用，担负起海洋环境监测任务，从发回的图像中可以发现我国沿海域所出现的"赤潮"现象。

地球资源卫星的地面系统

地球资源卫星地面系统(图34)的任务是对地球资源卫星进行跟踪测量、控制，实施功能管理，并接收、记录和处理卫星发回的图像数据。

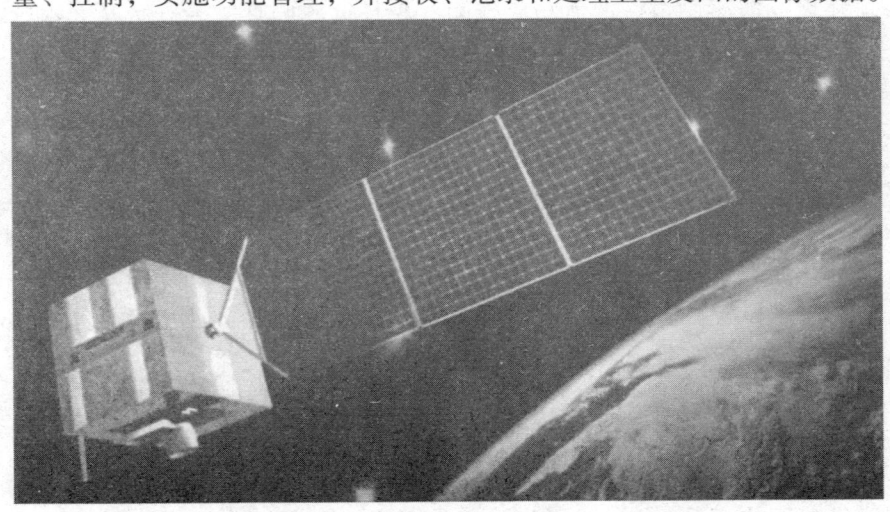

图33 中国、巴西两国合作研制的"资源"1号卫星模拟图

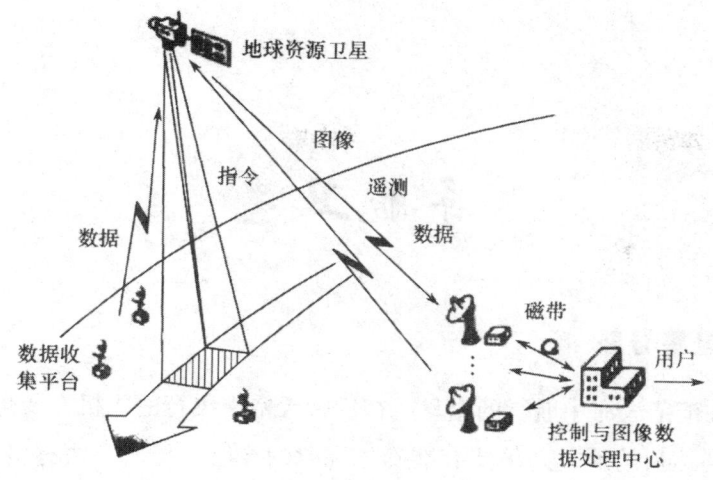

图34 地球资源卫星的地面系统

它由地面测控站、图像接收站和数据收集系统组成。

地面测控站，用于监视卫星在轨运行中的工作状况，确定卫星轨道和姿态，对卫星发出遥控指令。

图像接收站是负责接收和处理卫星传回的各种信息，依据用户要求对数据加工处理并完成分发的服务系统。它的主要设备有宽频带图像数据接收和记录设备、图像产生和完成图像数据的几何校正和辐射校正功能的预处理设备。图像接收站的数据容量大，数据传输速率高达15Mb／s～84Mb／s；常配备有直径10m的天线和S、X和Ku频段的宽带数据接收设备，采用宽带视频记录器记录、存储和回放接收到的图像数据，使气象卫星的观测结果得到应用。

数据收集系统收集当地的气象、水文和地质资料，地球资源卫星将这些资料汇集以后转发到地面。

导航卫星

卫星导航

在茫茫大海中航行的船只，在广阔天空中飞行的飞机，要想安全、快捷到达目的地，必须要有准确、及时的导航。导航方法有多种，天文导航是通过观测天体，用天体的位置来确定移动体自身的位置和航向。这种方法设备简单，但受气象条件的限制。无线电导航是接收海岸电台发出的无线电波来确定船舰自身的位置，它不受气象条件的影响，但由于无线电波的传播距离有限，故用于远航有困难。此外，还有惯性导航、地磁导航、地理导航等。这些导航方法各有所长，但都不尽如人意。空间技术的发展，使人们找到一种比较理想的导航工具，即利用卫星进行导航。它可以为陆地、海洋、空中和空间的用户提供导航定位服务，且不受气象条件和航行距离的限制，导航精度比较高。

由数颗导航卫星构成导航卫星网（又称导航星座），具有全球或区域的覆盖能力。因此，导航卫星能实现

全球或区域无线电导航并具有卫星测地功能。

1957年，美国科学家在跟踪苏联第一颗人造卫星时发现，收到的无线电信号有多普勒频移效应，即卫星飞近地面接收机时收到的电信号频率升高，飞远时频率就降低。科学家对这种现象研究后认识到，卫星的运行轨迹可由卫星通过时所测得的多普勒频移曲线来确定。随后又发现，若是知道了卫星的精确轨迹，就能确定地面接收机的位置。从此，一种先进的导航技术——卫星导航问世了。它具有全球覆盖容易、定位精度高、可靠性好、灵活方便、价格低廉等一系列独特的优越性，能提供全天候的全球导航覆盖和二维或三维定位能力，尤其是它可使全球各地用户统一于地心坐标系进行高精度定位。这就是1958年末美国开始研制，1964年交付海军使用的"子午仪"卫星导航系统。它由5颗"子午仪"导航卫星组成一个星座，采用多普勒测速定位卫星导航，即用户根据从导航卫星上接收到的信号频率与卫星上发送的信号频率之间的多普勒频移测得多普勒频移曲线，然后根据此曲线和卫星轨道参数推算出用户位置。

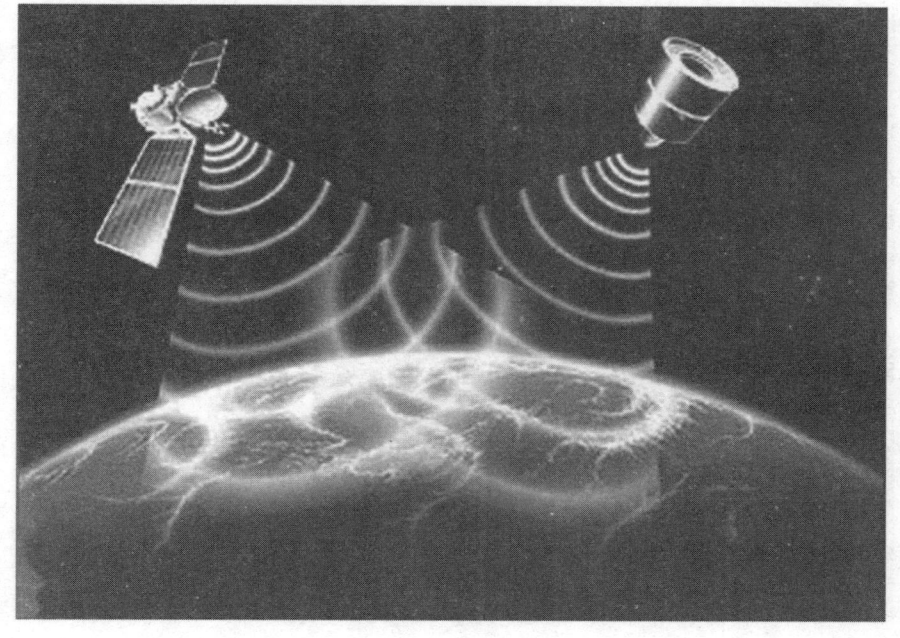

不过,"子午仪"导航星很快就被发现存在一些不足:它不能进行连续实时导航,两次定位的时间间隔至少1.5h;它只能提供经度和纬度二维坐标,不能给出被导物(船只、飞机)的高度和速度信息,不能满足飞机和导弹的三维空间的定位要求;在使用者使用时不能随时定位,必须等卫星飞经头顶才能定位;由于每次定位需要十几分钟,因而对飞机等高速移动物体测量误差较大,再提高精度则受多普勒测速误差的限制。由于上述问题,促使美国研制并建立第二代用途更广泛的、导航精度更高的卫星导航系统——全球定位系统(GPS)。

导航卫星的分类

导航卫星按导航方法分为多普勒测速导航卫星和时间测距导航卫星。前者供用户测量导航信号的多普勒频移来求出距离变化率进行导航定位;后者供用户测量导航信号传播时间来求出距离进行导航定位。导航卫星根据用户是否需要向卫星发射信号,分为主动式导航卫星和被动式导航卫星;按照轨道高度还可分为低轨道、中高轨道和地球同步轨道导航卫星;依用途不同又可分为军用导航卫星和民用导航卫星等。"子午仪"卫星和"全球定位系统"卫星均属于被动式导航卫星。按覆盖区域分为全球导航定位卫星和区域导航定位卫星。

美国"全球定位系统"和欧洲"伽利略"计划

1. 美国"全球定位系统"(Global Positioning System, GPS)

GPS是美国军方从20世纪70年代开始研制,历时20年,耗资200亿美元,于1994年全面建成,具有全天候、全方位实施实时三维导航与定位能力的卫星导航与定位系统。是美国在第一代卫星导航系统——"子午仪"卫星导航系统的基础上发展起来的。全系统由空间部分、地面监控部分和用户接收机三大部分构成。

GPS的空间部分由21颗工作卫星和3颗备份卫星组成。24颗卫星分别布在6个近圆形轨道的轨道面上(每轨道面4颗)。平均高度为20183km,周期为11h58min,轨道倾角为55°。卫星的分布使得在全球任何地方、任何时间都可观测到4颗以上卫星,并能保持良好的定位解算精度的几何图形。这就提供了在时间上连续的全球定位能力。卫星使用两种码(P码和C／A码)来调制导航信息,其中P码用于精确的时间测量(用于美国军方,加密),精度高;C／A码可使用户易于捕获所需的信号,但精度低(多用于民用,不加密)。图35为"GPS-Ⅱ"导航

图35 "GPS-Ⅱ"导航卫星

卫星。

每颗卫星上，均装有星载时钟(原子钟)。每个时钟均与"全球定位"系统时间之间保持精确同步，并不间断地发布自身的星历参数和时间信息。

GPS的定位原理是：首先假设星钟及待测点接收机的时钟与全系统的时间完全同步，没有钟差，则待测点与各星之间的实际距离为

$$d_i^0 = \left[(X_i-X)^2+(Y_i-Y)^2+(Z_i-Z)^2\right]^{\frac{1}{2}} (i=1, 2, \cdots) \tag{33}$$

式中：d_i^0可由$d_i^0 = c\Delta t_{zi}^0$得到。其中Δt_{zi}^0是接收机测得的i号星的信号在没有钟差情况下到达接收机所经历的时间；c是光速。

此时，X_i、Y_i、Z_i是i号星的地心坐标系坐标，从导航电文中可以得到；X、Y、Z是需要求的测点坐标。只要取三颗星(i=1, 2, 3)，建立三个方程，就可解得待测点的坐标。图36为GPS定位原理图。

但实际上星钟和接收机上的时钟相对于全系统的时钟是存在钟差的，故引入星钟钟差Δt_i和接收机钟差Δt_0后，式(33)可改写为

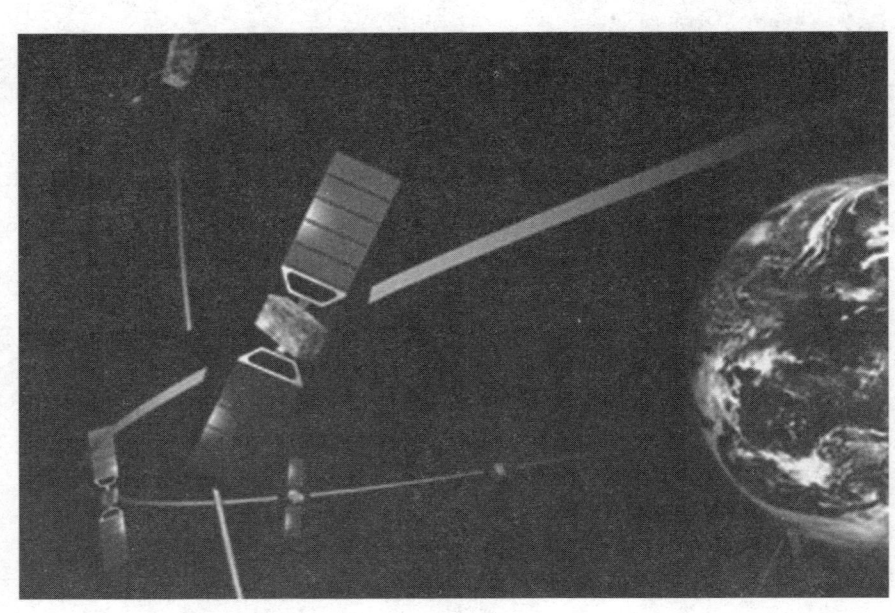

$$d_i = [(X_i-X)^2+(Y_i-Y)^2+(Z_i-Z)^2]^{\frac{1}{2}}+c(\triangle t_i-\triangle t_0) \qquad (34)$$

式(34)中的d_i不再是各卫星至接收机的实际距离,而称d_i为"伪距"。

同样有$d_i=c\triangle t_{zi}$。其中$\triangle t_{zi}$是接收机测得的i号星的信号在有钟差情况下到达接收机所经历的时间。i号星的星钟钟差$\triangle t_i$可以从导航电文中得到。$\triangle t_0$作为方程未知数参加求解,即连同X、Y、Z共有四个未知数。

用户接收机可选择接收最佳几何图形的四颗卫星的星历参数和时间信息。从而根据式(34)可以建立起四个方程式:

$$\begin{cases} [(X_1-X)^2+(Y_1-Y)^2+(Z_1-Z)^2]^{\frac{1}{2}}+c(\triangle t_1-\triangle t_0)=d_1 \\ [(X_2-X)^2+(Y_2-Y)^2+(Z_2-Z)^2]^{\frac{1}{2}}+c(\triangle t_2-\triangle t_0)=d_2 \\ [(X_3-X)^2+(Y_3-Y)^2+(Z_3-Z)^2]^{\frac{1}{2}}+c(\triangle t_3-\triangle t_0)=d_3 \\ [(X_4-X)^2+(Y_4-Y)^2+(Z_4-Z)^2]^{\frac{1}{2}}+c(\triangle t_4-\triangle t_0)=d_4 \end{cases} \qquad (35)$$

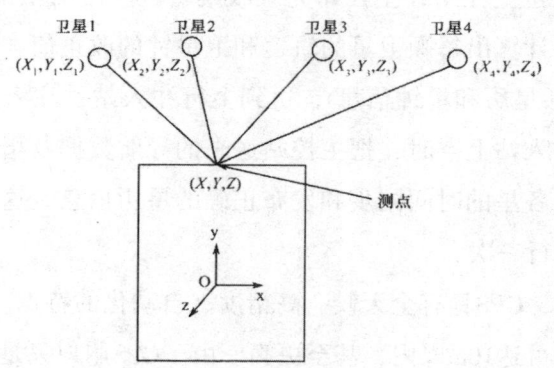

图36 GPS定位原理图

由以上四个方程即可解算出待测点的坐标X、Y、Z和接收机的钟差$\triangle t_0$,即可得到接收机的三维位置和时间等定位导航信息,再经过计算可得到三维运动速度值等导航信息。

上述计算的基础是事先掌握各卫星的精确位置，而且各卫星的星钟与全系统的时间是精确同步或事先知道各星钟相对于全系统时间的改正值(即星钟钟差)。如果有误差，哪怕有 10^{-9} s 的时间偏差，乘以光速就会带来 0.3m 的误差。故必须有整套完善的监控设施和卫星测轨设施，以达到时间同步和精确定轨的要求。

地面监控部分包括：一个主控站、四个监控站和一个上行注入站。其主要任务是：监控站完成对各卫星的精确测轨，取得观测数据，并将这些数据送至主控站；主控站完成收集对各卫星的全部观测数据。利用这些数据计算出每颗卫星的轨道和卫星钟的改正值，形成导航数据及指令(包括星历和星钟信息)，送到上行注入站；注入站则在每颗卫星运行至注入站上空时，把主控站送来的导航数据及指令注入到各卫星，以保证各星的时间同步和发布正确的星历信息。这种注入对每颗卫星每天进行一次。

由此可见，GPS具有全天候、高精度、自动化的特点。其使用P码时的定位精度可达10m以内，甚至更高。由于GPS用户只是接收卫星上的电文，在终端上完成计算，无需向主站或各卫星发出信号，故能提高定位的快速性，有助于适应飞机、导弹等一些快速运动物体定位的要求；用户设备的容量可以是无限的，就像一个广播电台可以供无限个用户收听一样；用户使用的隐蔽性好，不会因发射信号而暴露自身目标。因此，GPS被广泛用于军事上的高精度导航定位。如飞机、舰艇的导航，导弹的制导，各种运动载体和单兵的定位。民用上广泛应用于大地测量和工程测量的精密定位；用于速度测量和时间传递，建立高精度大地测量控制网；还用于监测地球板块运动和地壳变形状况等。GPS还广泛深入到人们日常生活的许多领域，如汽车的定位跟踪和引导等，并逐渐形成一个产业。预计不久将来，GPS会像计算机、互联网、移动电话一样，成为人们日常生活中不可缺少的工具。

但GPS的主导权掌握在美国手里，美国不仅垄断着高精度的P码使用权，而且对整个系统掌握着生杀大权。

2. 欧洲"伽利略"计划

为了结束目前美国GPS独霸天下的局面，2002年3月26日欧盟15国交通部长会议一致决定正式启动"伽利略"卫星导航定位系统计划。该系统将由30颗在轨卫星和2个地面中心站组成。卫星轨道为高度24126km的圆轨道，轨道倾角为56°，分布在三个轨道面上。每个轨道面布有9颗工作卫星和1颗在轨备用卫星，构成"伽利略"导航星座。

该系统是纯民用系统，且可与GPS兼容。从设计目标来看，"伽利略"的定位精度优于GPS。其最高精度比GPS高10倍。即使是免费使用的信号，其精度也达到6m。首颗质量600kg的试验卫星已于2005年12月28日由俄罗斯的"联盟FG"号运载火箭发射升空，运行在高度为23222km的圆轨道

上。第二颗试验卫星于2006年3月升空。预计2008年再发射4颗卫星作试验，以后陆续投入商业运营。计划总投资为36亿欧元。

目前有6个非欧盟国家(中国、印度、以色列、摩洛哥、沙特阿拉伯和乌克兰)已参与到该计划中，还有几个国家在讨论中。

2003年10月23日欧洲共同体15个成员国与中国签署了"中华人民共和国与欧洲共同体及其成员国关于民用全球卫星导航('伽利略'计划)合作协议"。按照中国和欧盟15个国家以平等地位参与合作的原则，中国将出资2亿欧元左右。中方将有人参与"'伽利略'联合执行体"这个机构的管理层，并享有一定的选举权。中方将承担部分卫星的发射任务。图37为欧洲"伽利略"计划卫星模拟图及分布示意图。

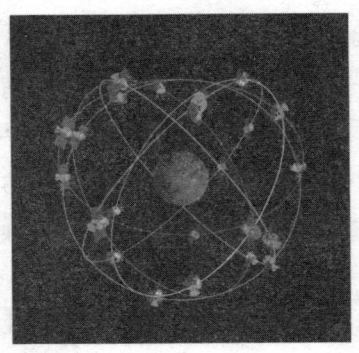

图37 欧洲"伽利略"计划卫星模拟图及分布示意图

我国的"北斗"导航定位系统

20世纪90年代美国建成GPS系统，俄罗斯也建立了GLONASS系统。这些系统的共同特点是技术复杂，耗资巨大。我国在20世纪70年代也着手策划符合我国国情的导航定位系统。并在80年代确定建立我国独立的、区域性的、能覆盖我国领土范围的、军民两用的第一代导航定位系统，称为"北斗"导航定位系统。

该系统由两颗静止卫星，一个地面控制计算中心站构成。其中两颗"北斗"1号静止卫星已分别于2000年10月31日和12月21日发射升空，分别定位在东经80°和东经140°赤道上空，运行结果工作稳定，状态良好。2003年5月25日又发射了第三颗"北斗"1号卫星,定位在东经110.5°赤道上空,这是该系统的备份卫星。它与前两颗"北斗"1号工作卫星组成完整的卫星导航定位系统,确保全天候、全天时为我国提供区域性的卫星导航定位信息。

该系统综合了传统天文导航定位和地面无线电导航定位的优点,相当于一个设置在静止轨道上的无线电导航台。双星定位系统的工作原理如下:

如图38所示,双星定位系统由两个相隔60°,静止的卫星1、卫星2和一个地面中心站组成。由中心站向两个卫星共同覆盖的所有用户发出询问信号,经卫星1发到用户。询问信号中含有电文帧、时间码等信息,如果用户需要定位,就注入必要的信息向卫星1、卫星2发出定位响应信号。其中一路经卫星1转发返回地面中心站,地面中心站就得到一个从询问到响应返回的时间延迟;另一路经卫星2转发返回地面中心站,同样得到另一个时间延迟。由于地面中心站的位置和卫星1、卫星2的位置可以预先精确测定,是已知值。因此由上面两个时间延迟量可

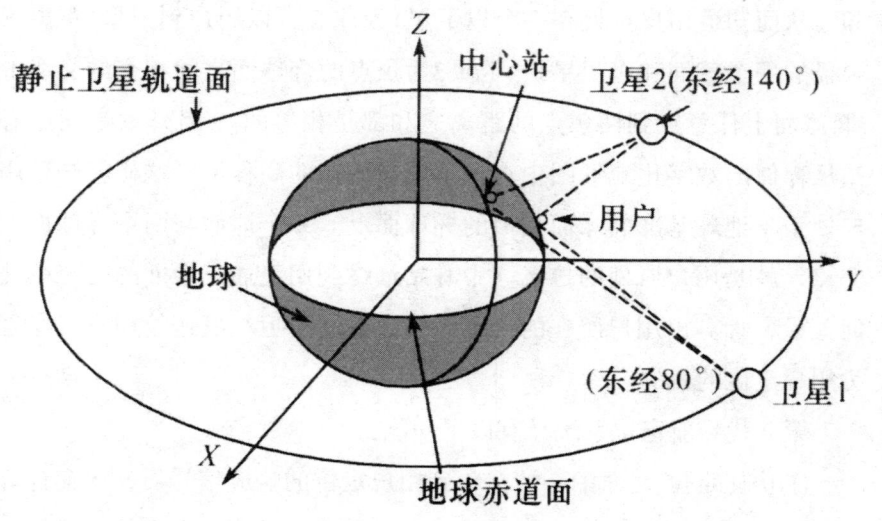

图38 双星定位系统示意图

以算出用户到卫星1的距离，以及从用户到卫星1距离与到卫星2距离之和。从而知道用户正处在一个以卫星1为球心、以用户到卫星1距离为半径的一个球面和以卫星1、卫星2为焦点的椭球面之间相交的交线上（椭球面上任意点到两焦点的距离之和都是相等的）。另外，地面中心站从存储的数字化地形图中查询到用户所在的高程值，这样就知道用户处于与地球基准椭球面相似的椭球面上。一个球面与两个椭球面的交点，就是用户所处的位置。中心站最终利用上述三个面的交点的几何关系，计算出用户所在的三维坐标，并通过卫星发送给用户，实现为用户定位的目的。

第一代导航定位系统具有以下功能：

(1)快速定位 地面中心站在收到用户定位的响应信号后，迅速计算得到用户的坐标，再经卫星发回用户，用户即可在终端机的显示屏上看到用户所在坐标，而这一切可在秒级时间之内完成。

(2)实时导航 地面中心站不仅具有庞大的地图数据库和各种数字化信息资源,而且可以根据用户连续的定位信息,计算出用户前进目标的距离和方向。当发现前方有危险时可以向用户发出警告或向有关部门发出营救信号,这就是导航。

(3)简短通信 本系统是双向闭合环路系统,每个用户终端都有专用识别码,用户可通过地面中心站进行用户之间的信息发送和接收。

(4)精密授时 地面中心站具有标准时间和标准频率。地面中心站通过询问信号将时间和频率信息转送给用户,用户可用此信号进行时间、频率的校准和比对。

该系统的定位精度一般为几十米。采用差分定位技术,可以提高

到10m以内。授时精度可达100ns(1ns=10^{-9}s)。

上述定位系统是一种区域性、主动式的闭环定位导航系统，其设计思想的基本点是将一切技术难点都转移到地面中心站解决，因而它的星体设备和用户设备比GPS的简单，终端成本很低，并兼有定位和通信功能，从而扩大了对用户的服务功能。但同时也带来地面中心站抗摧毁能力差的缺点。双星定位系统属主动应答式定位系统，故隐蔽性差，但它能以用户请求定位信号的突发性和适当的伪噪声编码技术来弥补这方面的不足。GPS属于"开放式"，只要有GPS接收机就可使用；双星定位系统则属"封闭式"，用户收发信机要先发送鉴别码，告诉中心计算机，用户是已经批准的预约用户。用户数量有一个上限，超过上限系统就会因振荡而瘫痪。

第二代"北斗"系统将在第一代基础上逐步扩展为具有5颗静止卫星、30颗非静止卫星组成的导航星座。建成后将是性能更完善、精度更高的全球导航定位系统。